书中部分彩色图

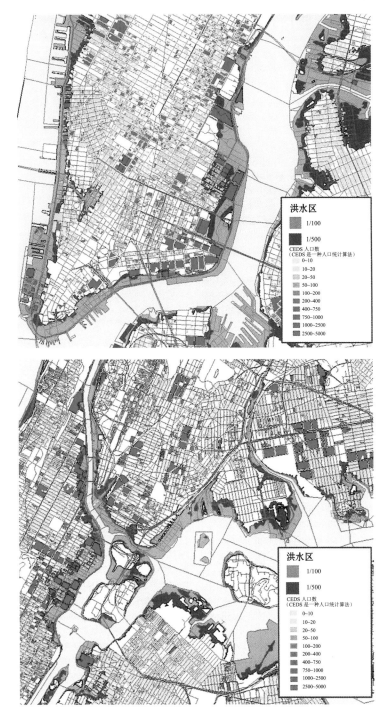

图 1.1 曼哈顿下城区（上）和哈勒姆河流域（下）1/100 洪水区和 1/500 洪水区的受威胁人口数量（Maantay 和 Maroko，2009）

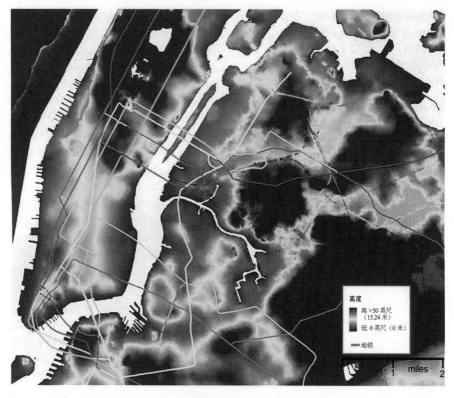

图 2.1 曼哈顿区、布鲁克林区和皇后区的局部高程图和地铁路线图

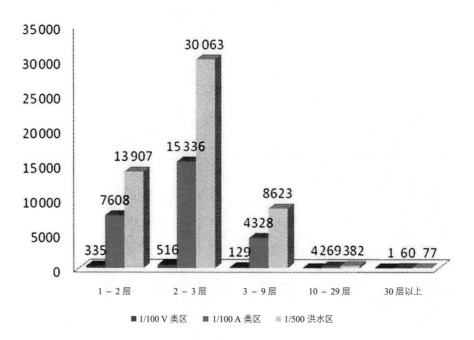

图 2.2 1/100 洪水区（A 和 V 类区）和 1/500 洪水区的建筑数量，按建筑层数分类

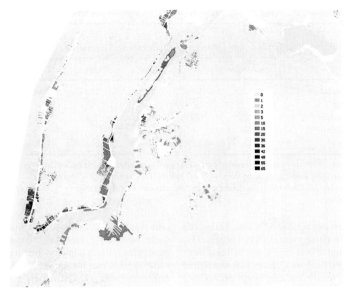

图 2.3 1/100 洪水区一个地块的主要建筑的楼层数

图 2.4 根据位于曼哈顿区和布鲁克林区的建筑地面层得出的受威胁价值（单位：美元每平方英尺，1 平方英尺 = 0.09 平方米）。注意：图中的浅蓝色区域代表预想的 1/100 洪水区，深蓝色代表 1/500 洪水区

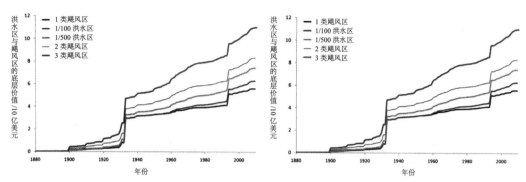

图 2.5 1/100 洪水区、1/500 洪水区、1 类和 3 类飓风洪水区的累计受威胁地产价值（1880—2010 年）。注意：左边的图表示总累计价值，右边的图则表示地面层的累积价值（2009 年价值）

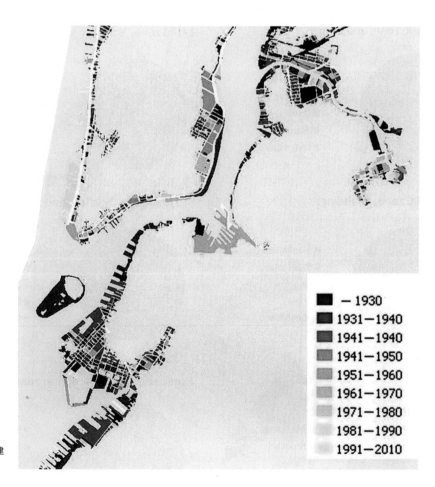

图 2.6 1/100 洪水区的建筑年代

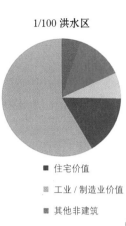

1/100 洪水区

1/500 洪水区

- 住宅价值
- 工业 / 制造业价值
- 其他非建筑

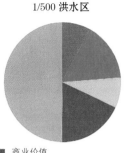

- 商业价值
- 其他建筑

图 2.7 1/100 洪水区和 1/500 洪水区中不同建筑类别地面层价值的分布

每种规划类型的受威胁价值分布

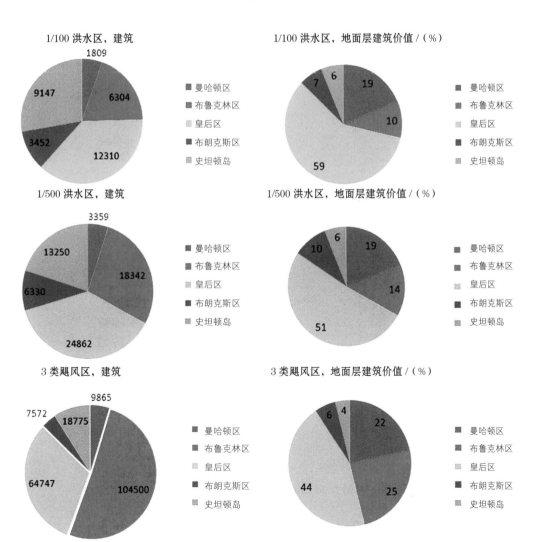

图 2.8 1/100 洪水区、1/500 洪水区和 3 类飓风区中每个区的建筑数量（左）和受威胁地面层价值（右）

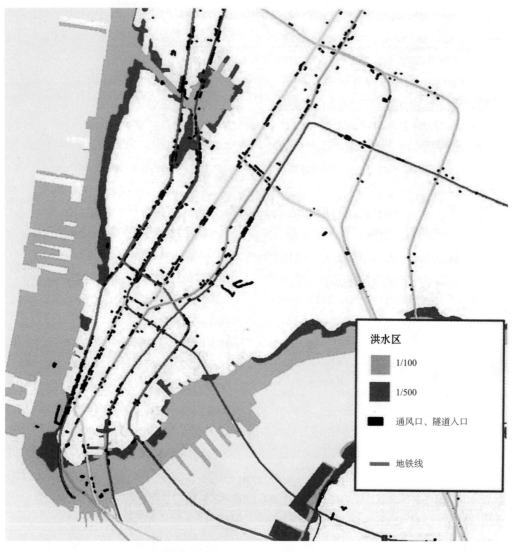

图 2.9 曼哈顿区和布鲁克林区位于 1/100 洪水区和 1/500 洪水区中的地铁线（彩色）和铁轨（黑色）。通风口、地铁和隧道入口用黑色长方形表示。来源：纽约市信息技术与通信部门，见附录 C

图 3.2 纽约市目前的 1/100 洪水区和预测的未来 1/100 洪水区。来源：Rosenzweig 和 Solecki（2010）

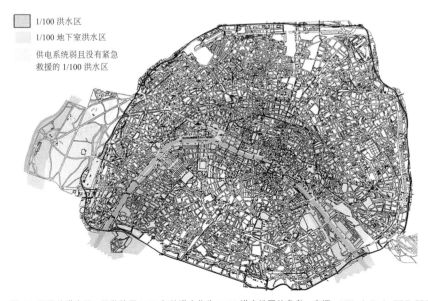

图 4.3 巴黎的洪水区。巴黎使用 1910 年的洪水作为 1/100 洪灾地图的参考。来源：Ville de Paris, EDF-GDF Services（2010）

图 4.7 未来曼哈顿，受生态缓冲区保护不受洪水侵袭。来源：dlandstudio LLC 和建筑研究办公室；MOMA（2010）（上）

香港清水湾住宅大楼前的湿地公园。来源：www.hypsos.com（下）

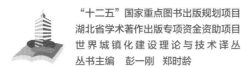

"十二五"国家重点图书出版规划项目
湖北省学术著作出版专项资金资助项目
世界城镇化建设理论与技术译丛
丛书主编 彭一刚 郑时龄

Flood-Resilient Waterfront Development in New York City: Bridging Flood Insurance, Building Codes, and Flood Zoning

The New York Academy of Sciences; Jeroen C.J.H. Aerts, W.J. Wouter Botzen

纽约滨水区雨洪规划

纽约科学院 编；［荷］杰伦·艾尔茨 ［荷］伍特·波森 著

朱颖 译

华中科技大学出版社
http://www.hustp.com
中国·武汉

图书在版编目（CIP）数据

纽约滨水区雨洪规划／纽约科学院编；〔荷〕杰伦·艾尔茨（Jeroen C.J.H.Aerts），
〔荷〕伍特·波森（W.J.Wouter Botzen）著；朱颖 译.

—武汉：华中科技大学出版社，2016.9
（世界城镇化建设理论与技术译丛）

ISBN 978-7-5680-2067-1

Ⅰ.①纽… Ⅱ.①纽…②杰…③伍…④朱… Ⅲ.①城市－暴雨洪水－防治－城市规划－纽约 Ⅳ.① P426.616

中国版本图书馆CIP数据核字（2016）第172925号

湖北省版权局著作权合同登记 图字：17-2016-328号

世界城镇化建设理论与技术译丛

纽约滨水区雨洪规划
NIUYUE BINSHUIQU YUHONG GUIHUA

纽约科学院 编
〔荷〕杰伦·艾尔茨 〔荷〕伍特·波森 著
朱颖 译

出版发行：华中科技大学出版社（中国·武汉）
地　　址：武汉市珞喻路1037号（邮编：430074）
出 版 人：阮海洪

丛书策划：姜新祺　　　　　　　　　　　　　　　　　　　责任编辑：王　娜
丛书统筹：刘锦东　　　　　　　　　　　　　　　　　　　版式设计：赵　娜
策划编辑：张淑梅　　　　　　　　　　　　　　　　　　　责任监印：秦　英

印　　刷：北京佳信达欣艺术印刷有限公司
开　　本：787 mm×996 mm　1/16
印　　张：9.5
字　　数：179千字
版　　次：2016年9月 第1版 第1次印刷
定　　价：58.00 元

投稿邮箱：zhangsm@hustp.com
本书若有印装质量问题，请向出版社营销中心调换
全国免费服务热线：400-6679-118 竭诚为您服务
版权所有　侵权必究

关于作者

杰伦·艾尔茨（Jeroen C.J.H. Aerts）

杰伦·艾尔茨是风险管理、保险和水资源管理方面的专家。他的研究领域包括风险分析、多目标分析和不确定性评估。最近几年，他开发了稳健性分析技术，如结合灾难模型的组合分析，以寻找洪灾风险管理的最佳和最灵活的方式。他为很多国际风险与水资源管理项目做研究和顾问工作，其中有荷兰、孟加拉国、肯尼亚、印度、越南和美国等国家及中亚、南非地区。这些项目着重于水资源管理和灾害控制、保险计划、扶贫抗灾和风险控制方法等。大部分项目的要点都是通过科学家和政治家对风险要素和管理方案的评估来制定出科学的政策。艾尔茨为联合国政府间气候变化专门委员会第二工作组报告撰文，他还是荷兰气候变化应对研究项目如 BSIk KvR（2400万欧元）的主要协调人。艾尔茨发表过超过 70 篇经审核的论文。

伍特·波森（W.J. Wouter Botzen）

伍特·波森是阿姆斯特丹自由大学环境研究学院（IVM）环境经济学部的一名助理教授。他于 2010 年取得博士学位，题为"应对气候变化保险的经济因素"的毕业论文被评为优等。自由大学经济学院很少颁发这样的荣誉。他赢得了 2010 年自由大学的社会影响力青年奖。波森在环境经济学院主要负责教授研究生课程。目前，他正同时研究多个有关自然灾害保险、气候变化应对和不确定性下的决策的项目。他在国际上发表了多篇与之相关的论文。

前 言 | Introduction

最近纽约市气候变化委员会（NPCC）发布的报告显示，因为海平面上升和不断增多的洪水灾害（Rosenzweig 和 Solecki，2010），气候变化对纽约的滨水区将是一个挑战。纽约市气候变化委员会认为不管是夏末 / 秋季的海啸还是冬季的亚热带龙卷风，纽约市在应对沿海风暴灾难时是非常脆弱的。气候变化和海平面上升反映在洪水数量及强度都不断增加上，尽管其活动还是比较稀少的，但也应该在城市规划中研究抗洪方案，以防给滨水区造成损失（Aerts 等，2009）。

在洪泛平原、沿海地区等洪水易发区居住的人很容易受到洪水侵害。自人类文明之初，人们就意识到了滨水区在宜居性和经济活动方面的优势，使一直选择在水边定居，这个习惯直至今日也没有改变（Rosenzweig 等，2010）。问题是：如何防止洪水危害建筑物和人的生命财产安全？从这方面来说，洪灾区域规划和建筑规范是控制未来土地使用的强大工具，因此也能够用来控制洪灾风险（Sussman 和 Major，2010）。因为纽约市滨水区扮演着第一道防洪线这一重要角色，将保护纽约市不受未来气候变化危害，所以滨水区的规划政策会直接影响到城市的抗洪性，作为气候应对政策的一部分，新的规划是必要的。

联邦管理的国家洪灾保险计划对滨水区很重要，它为规划和建筑规范奠定了基础。举例来说，新建筑的地面层必须参考基础洪水水位。虽然国家洪灾保险计划的信息和规定已纳入纽约市规划和建筑规范，但为了更好地应对气候变化带来的挑战，它们还需进一步协作（Burby，2006；Sussman 和 Major，2010）。

目前，纽约市部分滨水区正在重新规划，以吸引附近居民关心、提升环境品质和刺激经济活动。由于对大空间住宅和经济活动的需求不断增长，这个区域引入了新开发项目。为了在滨水区建设中纳入气候变化的考虑，纽约市启动了气候应对计划，着重阐述应对气候影响的措施。作为此计划的一部分，城市规划局为纽约市 500 英里（约 804.67 千米）长的海岸线起草了《2020 年愿景：纽约市综合滨水计划》（*Vision 2020: New York City Comprehensive Waterfront Plan*，纽约市城市规划局，2011，后简称《2020 年愿景》）。该计划设定了指导滨水区发展的长远目标，以提高城市抵御海平面上升及气候变化的能力，并提出建设抗洪性更强的城市、参考国际范例、保护海岸线、设计抗洪建筑等策略。

希望本书能够为《2020 年愿景》提供指导性意见，书中分析了洪水保险、洪灾区域规划和建筑规范如何有助于城市提高抗洪性。Botzen 和 van den Bergh（2009）提出了一个包括风险预防、减少损失和分散风险的方案。以此为基础，本书分析国家洪灾保险计划、洪灾区域规划和建筑规范，明确所面临的挑战并给出建议，还会举出大量国际上的例子（包括英国、法国、德国和荷兰的例子）来帮助纽约市滨水区规划发展。本书的信息均通过采访和与纽约市及海外专家讨论获得（见附录 A），并与深度文献评论和数据分析相结合。

本书内容如下：纽约市气候变化和洪灾风险的相关信息；洪水灾害预估；从城市抗洪建设方面对国家洪灾保险计划进行评估；考察纽约洪灾区域规划政策并提出建议以应对未来增加的风险；分析建筑规范；讨论国际滨水区建设范例和总结。

致 谢 | Acknowledgements

我们向以下人员致以诚挚的感谢。

纽约市城市规划局

阿曼达·伯登（Amanda M. Burden），迈克尔·马瑞拉（Michael Marrella），塞缪尔·霍尼克（Samuel Hornick），霍华德·斯拉特金（Howard Slatkin），威尔伯·伍兹（Wilbur Woods），汤姆·沃戈（Tom Wargo），克劳迪娅·赫拉斯梅（Claudia Herasme），温斯顿·冯·恩格尔（Winston von Engel）

纽约建筑局

詹姆斯·科尔盖特（James Colgate），约瑟夫·阿克罗伊德（Joseph Ackroyd）

纽约市长办公室

阿伦·科克（Aaron Koch），亚当·弗里德（Adam Freed）

纽约信息技术与电信所

科林·赖利（Colin Reilly）

纽约紧急事故处理办公室

詹姆斯·麦康奈尔（James McConnell），乔舒亚·弗里德曼（Joshua Friedman）

联邦紧急事件管理局

玛丽·科尔文（Mary Colvin），斯科特·迪尤尔（Scot Duel），帕特里夏·格里格斯（Patricia Griggs）

瑞士 Re 保险

法布里斯·费尔登（Fabrice Felden），梅甘·林金（Megan Linkin），奥雷尔·施韦尔茨曼（Aurel Schwerzmann）

哥伦比亚大学

戴维·梅杰（David Major），克劳斯·雅各布（Klaus Jacob），乔治·德奥达迪斯（George Deodatis）

哈得孙河基金会

克莱·海尔斯（Clay Hiles），丹尼斯·苏斯科华斯基（Dennis Suszkowski）

大都会交通署

欧内斯特·托勒森（Ernest Tollerson）

纽约城市大学

朱莉安娜·曼特（Juliana Maantay），安德鲁·马洛克（Andrew Maroko）

我们感谢以下组织和人员提供照片及图表。

nArchitects，朱莉亚·查普曼（Julia Chapman）；dlandstudio LLC 和建筑研究办公室，卡丽莎·阿扎（Carissa Azar）；大都会交通署，莱斯特·弗罗因德利克（Lester Freundlich），欧内斯特·托勒森（Ernest Tollerson）；UNESCO-IHE，威廉·维尔比克（William Verbeek）；RPS，比按卡·施塔伦伯格（Bianca Stalenberg）；法国巴黎环线铁道协会（ASPCRF），布鲁诺·布勒泰勒（Bruno Bretelle）

所有观点及错误都由我们负责。

目 录 | Contents

《导　言》

在纽约市，水与陆地的交界处——滨水区——是一处非常具有吸引力的地方，被视为承载经济、环境及社交等各种活动的多功能区域。同时，它也扮演着第一道防洪线、控制洪灾风险及保护城市不受未来气候变化、海平面升高危害的重要角色。纽约市在已启动的一个目的为适应气候变化的项目（PlaNYC）中概述了一系列应对气候变化影响所需的政策。作为此政策的一部分，纽约市城市规划局为纽约市 500 多英里（约 804.67 千米）的滨水线起草了《2020 年愿景》。而提高滨水区域对气候变化及海平面上升的抗打击能力，正是完成这个计划所必需的一部分。本次研究的目的就是通过评估洪灾保险、洪灾区域规划及建筑规范对滨水区提高气候变化抗打击能力的作用来为纽约《2020 年愿景》提供指导和参考，以助其达成目标。

扩展摘要

此次研究的主要成果明确了洪灾区域规划制度、洪灾保险和建筑规范是掌控未来土地使用变更及因此造成的潜在的抗洪性的强大工具。事实上滨水区已经超过近陆地区，成为很多区域规划和保险条例的主题，而具有复合用途的滨水区在设计上也具有更高的复杂性。因此这次研究将重点放在基于洪灾保险、区域划分政策和建筑规范的建议上。此外，研究也显示由联邦紧急事件管理局（FEMA）协调的国家洪灾保险计划（NFIP）还有待完善，同时也需要纽约建筑局和城市规划局来保证政策最大限度地实施并发挥其效力。书中介绍了国际上诸如此类合作的案例，以及这类合作将如何应用于纽约市的情况。

国家洪灾保险计划和气候变化

联邦政府通过国家洪灾保险计划在全美施行洪灾保险，其中纽约州资金为 316 亿美元，而纽约市为 80 亿美元。联邦紧急事件管理局主管此项目，规定了洪灾保险费的数额，并设定了特殊洪水区（1/100 洪水区，译者注：1/100 洪水指概率为百年一遇的特大洪水）的最低建筑标准。国家洪灾保险计划是达成降低风险这一目的的一项重要举措，因为它提升了地方政府洪灾区域规划及洪水建筑规范的最低标准，并刺激了房屋所有者在最低标准之外的风险规避上的投入。国家洪灾保险计划在特大洪水区设立了最低建筑要求，同时允许地方政府在最低要求之上再适用建筑规范。举例来说，在特殊洪水区，1/100 洪水区的基础洪水水位（BFE）被用于推算新建筑地面层的最低高度。

在美国，国家洪灾保险计划在为一般洪灾保险不予受理的住户提供洪灾保险这点上也做得非常成功。更进一步说，国家洪灾保险计划通过洪灾风险评估，很有效地限制了那些抗洪性能弱的建筑结构。与之相对，它在限制洪水高危地区发展和提升既有建筑的抗洪性能上却并不那么有效，而且很多在特大洪水区之外的易受灾房屋并没纳入国家洪灾保险计划。这表明洪灾区域规划政策需要进行进一步的评估，从而更好地降低洪水灾害。

气候变化或其他诸如城市建设的未来发展在国家洪灾保险计划中并未被提及。总的来说，国家洪灾保险计划需要通过更加详尽全面的评估来协调和改善增长的洪灾风险所带来的影响，甚至在气候变化并不会提升洪灾概率的情况下，更进一步完善现有的政策也是值得考虑的。

国家洪灾保险计划与纽约市洪灾区域规划政策的协作

对国家洪灾保险计划、纽约建筑局和城市规划局很重要的一个建议是在洪灾保险、洪灾区域规划和建筑规范中将未来有洪水风险的区域图也纳入考虑范围之内（如未来 1/100 洪水平原）。目前，联邦紧急事件管理局正在制作的洪灾地图标注了 1/100 洪水区中的受灾区、泄洪道、洪水水位和洪水流速，这些数据成为生成洪灾保险评估地图（FIRMs）的基础。

从气候变化角度来说，1/100 洪水区的地理面积很可能会不断扩大，因此保险和区域规划需要适应未来的使用。通过了解未来的洪灾区域，可以把目前洪水区的那些（如新建筑高度和抗洪参数）规则限制也用到未来的那些地区。这样就能够保证适当减少现有规则对未来应对不足的情况，且每一项新举措都将覆盖未来的 1/100 洪水区，现在的国家洪灾保险计划规章和基础洪水水位要求也应应用于这些未来的洪水区。现在 1/100 洪水区的建筑都会加入净空区，这意味着在联邦紧急事件管理局制定的基础洪水水位标准上再额外抬高基础地面高度（BFL）。但净空区对于洪水区外的建筑来说并不是强制性的要求，尽管那些地区在未来也会被纳入洪水区。这就提升了未来洪灾带来的风险。除了制作未来洪水区地图外，还建议利用灾害模型、保险公司的专业知识和风险评估研究来预测未来可能的损失。

还有一个可替代的方法就是将 1/100 洪水区外的其他洪水区，例如概率更小的 1/500 洪水区（译者注：1/500 洪水是指 500 年一遇的洪水）也纳入规划范围之内。这样做的好处是避免了由于对未来气候预测的分歧而导致的争执，因为不同的气候预测会影响洪灾区域的选定。将 1/500 洪水区纳入规划范围是合理的，因为这些地区曾遭受过洪灾带来的巨大损失，且国家洪灾保险计划只针对 1/100 洪水区做出规定也有一定的主观性。

洪灾保险评估地图

洪灾保险评估地图惯常的不准确性使得保险费不能反映实际风险。再加上防灾措施的失败等并没被纳入考虑范围，导致风险被低估且保险费也很低，进而使国家洪灾保险计划在实际实施时蒙受损失，变相反映了灾害应对措施的不足。同时，即使地方政府想要施行比国家洪灾保险计划的规定更加严格的建筑规范，也会由于地图的细节不足而遇到麻烦。

持续更新与完善地图是十分重要的，因为风险会随经济社会发展而不断变化（就像过去那样），而且洪水灾害的频率和强度会因冰雹、风暴、海平面等变化而变化。联邦紧急事件管理局提供的准确可靠又即时的洪灾地图能为纽约市滨水区建设提供指导性的意见。

保险费和基础洪水水位

国家洪灾保险计划能够刺激业主在基础洪水水位高度的标准上抬高他们的房子，因为这样会降低保险费用。不过，国家洪灾保险计划还是应该重新评估 A 类建筑保险费用折扣。A 类的折扣标准是在基础洪水水位之上 1 ~ 2 英尺（约 0.30 ~ 0.61 米），但由于气候变化，仅仅这样的高度是不够的。而且随气候变化而不断增长的洪灾风险也使得洪灾保险评估地图必须不断更新，这样的更新会导致很多地块划分的升级。对此类地块目前采取的措施是对于被划分到更高类别地块的业主仍收取之前类别较低时的保险费用，也被称为"祖父化"（译者注：原文 grandfathering，意思是使其不受新法规的约束，此处直译为祖父化作为一个专有名词）。因此，如果不改变这类祖父化机制的话，日后所需补贴费用会不断增高。

联邦紧急事件管理局救灾补助

联邦紧急事件管理局积极参与洪灾预防的筹款，以帮助州和地方政府减轻洪灾对建筑物造成的破坏。补助金计划的存在也鼓励很多社区加入国家洪灾保险计划。不过就现在的补助金计划来说，仍无法为纽约市滨水区的气候应对计划提供足够资金，且它本身更偏向于向洪灾中的受损建筑提供资金帮助。

提升国家洪灾保险计划的市场渗透率

洪灾保险的市场渗透率是比较低的，这对利用保险来刺激如保险费折扣在内的降低洪灾风险的举措来说是一个障碍。此外，低市场渗透率导致保险风险分散的减缓，一般来说还会导致已参保的保险费用升高。如果气候变化致使洪灾风险升高，那么更多未参保的房屋会因洪水而蒙受损失，这就会加重联邦政府灾后补助的负担或使很多业主陷入经济困难。这个问题有三种解决办法：（1）由联邦政府提供按揭担保，鼓励 1/100 洪水区的住户购买保险；（2）让保险成为未来 1/100 洪水区的一种强制措施；（3）在房屋保险和各类物品保险中强制加入洪水灾害的条款。

根据风险设定保险费

综合来说，国家洪灾保险计划的保险费无法反映风险，这就使得业主不会积极投入以降低风险。而未来不断上升的风险却要求更多投入，由此形成矛盾。国家洪灾保险计划可以设定精算公平的保险费来同时满足一般损失和洪灾损失，并且针对不同洪水风险等级来区分投保人的保险费用，同时允许洪灾保险评估地图绘制之前建成的建筑也可参保。通过向业主收取能反映风险的保险费，可使国家洪灾保险计划更加公正，也能缓解支付能力问题。可以向低收入业主提供某种形式的补助以应对上升的费用。不过，为了使这种减少风险的激励措施有吸引力，任何补助都应来源于公有资金，如税收优惠或保险担保，而不是作为保险费用的补贴金。

长期保险

目前洪灾保险期限只有一年，这会对保险公司和投保人的合作形成限制，不利于减少洪灾损失。一些专家已经建议引入长期洪灾保险，以 5 年、10 年或 20 年为期，直接与土地绑定而不依靠个人。长期保险会使保险公司和投保人之间建立起长期联系，同时刺激双方为减少开支而采取降低风险的举措。长期风险要面对的一个问题是如何针对未来气候变化而改变的风险来定价。今后的研究可将研究重点放在确定气候变化预计对于未来洪灾风险定价是否可靠这点上。

重要基础设施的限制

基础设施受到的损害在国家洪灾保险计划中并未详尽描述，尽管洪水灾害在很大程度上取决于基础设施的受损程度。国家洪灾保险计划只在社区评估机制（CRS）中鼓励了关键基础设施的建设，但这些都不是强制的。导致国家洪灾保险计划在增强基础设施抗洪性方面没有过多涉及的原因是，洪灾保险条款中并不包括基础设施。建议附加区域规划条款来明确定义关键基础设施，并在加强规划方面清楚划分国家洪灾保险计划和纽约市各自的职责。

调整区域规划

取消区域建筑高度的处罚

区域规划为洪水区增加净空高度提供了灵活性，这意味着可以通过基础地面高度在联邦紧急事件管理局要求的基础洪水水位线之上的额外高度来获取保险费折扣。不过，这些加高了的建筑也是区域高度限制的对象，以保证它们不会超过高度限制。因此，合理的下一步就是取消这些限制所对应的处罚。因为此举需要修正区域规划的文书，所以必须通过大众审查。而大众也许会担心滨水区的建筑高度。最终会由城市规划委员会和地方议会来决定法案的修订。

对现有建筑的限制和加固

对于洪水区已经建成的建筑，收进、重置或加高都是不可行的，但是有一些相关措施可以提高它们的抗洪性。第一，通过附加条款鼓励业主在基础洪水水位标准之上安装具有防洪性的电话、配电板、供暖系统和瓦斯系统；第二，在某些洪水高发区限制更改建筑（如 V 类区域——沿海高危区），尽管这一点实施起来有一定难度。

降低城市密度

减小建筑占地面积、鼓励增加空地空间是减少洪灾风险的方法之一。为此，区域规划中有空地率（OSR）和建筑覆盖率的概念，虽然目前仅存在于住宅区。为了能够将潜在的新增面积放在向陆区域，鼓励基于市场机制的可交易面积（TFA）这一方法是行不通的。在纽约市，如果高危滨水区和低危内陆区相邻的话，两者的密度其实是可以实现交换的。但因为不确定哪一方会实现高密度增长，所以此机制并不能帮助降低洪灾风险。

基础设施

纽约市大多数的基础设施（如铁道、地铁、机场、海军基地等）都位于特大洪水区和 1/500 洪水区，它们在很大程度上决定了沿海风暴所造成损失的程度。因此，规划条例，特别是建筑规范中应该详细论述（至少是）关键性基础设施项目的洪灾风险。然而这有时很困难，因为基础设施规划中往往没有政府部门的正式参与。不过参与制定国家洪灾保险计划的政府部门和交通部门之间是有机会更好地合作的，例如可以保护或抬高隧道入口和通风格栅的位置。另外，社区评估机制并没有强制规定国家洪灾保险计划中的那些对关键基础设施建设的限制条款，只是一种鼓励的姿态。可以制定通用政策来规定哪些基础设施是关键性的。

滨水区建设和环境法规设立

气候变化和海平面升高对滨水区的建设和规范来说是一个额外负担，滨水区面临的挑战是如何创造出一种更绿色、更能抵御气候变化，同时又能吸引商业和住户的滨水环境。其中的一个问题是城市发展和防洪措施（如堤岸和防洪墙）都被看作是破坏环境的。因此，在美化环境的前提下如何提升抗洪性颇具挑战性。建议根据防洪和环保是否能同时将不同的滨水区进行排序，而排在前面的必定是地方政府和联邦沿海保护计划都感兴趣的。这样就更好地融合了沿海保护计划和地方对滨水区的发展计划。基于保护环境的防洪措施更能得到社区的支持，关于这点在为市议会的《2020 年愿景》而启动的讨论会上已有阐述。

发展多功能地块这一举措的基础是设立新的规划法规，并通过城市设计来模糊水与陆地的界限。这意味着，在某些情况下，由于水陆分界向陆地或海洋一侧的移动，需要对损失的城市空间做出补偿。另外，环境价值往往产生于此过程。国际上的范例展示了，在利用开放水域来发展滨水区的例子中如何施行"环境补偿"，或者如何通过新建湿地或人工堤坝来创造环境价值。

最新研究显示对开放水域及潮间带湿地的改动应被评估，以此来决定滨水区的这些活动是否有助于对抗气候变化。很多改动都需要获得许可，而目前纽约州的环境法禁止在开放水域发展任何滨水开发项目。

建筑规范

国家洪灾保险计划为建筑规范设定了最低标准，在此之上，纽约市也制定了自己的建筑规范。建筑规范适用于新建筑和既有建筑的改善。法规只对住宅区、商业区、运动场馆等有效，而不包括地铁在内的公共基础设施。新增的纽约市洪灾建筑规范应包括以下三点：（1）高于基础洪水水位线的建筑要符合国家洪灾保险计划的标准；（2）同时具备干湿两种防洪措施；（3）为每个洪水区的四种建筑类型制定规范。这些详细规范在 A 类和 V 类区域上要有所区别。此外，建筑标准对某些类型的建筑必须有更严苛的要求，如医院这类一旦发生危险更易导致伤亡的场所。

在 A 类区，低洼区的仓库、车库、建筑入口和狭窄空间需要被抬高。设计洪水水位（DFE）等于 1/100 洪水区 I、II 类建筑中的基础洪水水位，它比 III、IV 类的要高 1 ~ 2 英尺（约 0.30 ~ 0.61 米）。在这个设计洪水水位线之下，所有类型的建筑都必须具备湿式防洪措施。而干式防洪措施除了对住宅外（因为不允许）在某些情况下可取代湿式防洪措施。因为包括沿海区，V 类区的建筑标准更为严格。海浪需要能够从建筑底部穿过，这可以通过植筋打桩或柱子来实现。设计洪水水位等于 1/100 洪水区中 I、II 类建筑的基础洪水水位。如果洪水和海浪方向平行，则设计洪水水位比 1/100 洪水区中 III、IV 类建筑的基础洪水水位高 1 英尺（约 0.30 米），若垂直则高 2 英尺（约 0.61 米），且禁止使用干式防洪措施。

基于洪灾地图，目前的规范还应更加严格。如制定更高的结构基础标准，特别是对 A 类区，或者干脆将 V 类区的标准用于 A 类区，同时像 V 类区一样，所有 1/100 洪水区的建筑都可以通过在底部加横向支撑结构来抬高。在原有基础上增加净空空间在纽约市也是很有效的做法。例如现在对 II 类建筑来说净空空间并不是强制性的，但美国土木工程师学会（ASCE）24 条例建议 +1 英尺（约 0.30 米），而纽约州建筑标准建议 +2 英尺（约 0.61 米）。因为大部分住宅属于 II 类建筑，这一举措会提高很多建筑的抗洪性。市政府可以对 II 类建筑采用更严苛的美国土木工程师学会标准。为了国家洪灾保险计划的评估，琼斯（Jones）等（2006）对最高至 4 英尺（约 1.22 米）的净空空间的成本效益进行了分析。这些分析被应用于折扣计算、洪灾状况评估、建筑抬升方法和灾后损失应对。结果显示，大多数时候，净空空间带来的抗洪收益是超出它的建设成本的，特别是对沿海 V 类区。分析结果已在很多独栋住宅上得到印证，是否也适用于其他类型建筑还需继续研究。所以，纽约市可以考虑在基础洪水水位的基础上增加 2 英尺（约 0.61 米）甚至 4 英尺（约 1.22 米）的净空空间。这也许会使得滨水区的抗气候灾害能力得到提升。抬高后的建筑如何能够方便残疾人进出也需要研究，如采用增加坡道或提升街道高度的方式来解决。另外设计领域和大众对增加净空空间的反应也要进一步探讨。

降低损害成本

琼斯等人（2006）进行了一项拓展研究，即预估降低洪水灾害的成本。研究总结指出对于新建住宅建筑来说，在砖墙加内墩基础的情况下，每英尺净空空间产生的额外费用约占基础洪水水位建筑费用的 0.8% ~ 1.5%，占填土地基费用的 0.8% ~ 3%，占打桩或砖石基础费用的 0.25% ~ 0.5%。

防洪和建筑

关于防洪与滨水区建设结合有很多例子。例如日本东京就尝试用低维护成本的防洪堤来保护都市。这些"超级堤坝"相对传统堤坝来说基础面更宽，内坡坡度也更为缓和。其被作为城市空间的延伸，并有不错的观海视野。在日本，这些空间需要与公园、空地、湿地交织在一起，而后者在城市又十分稀缺。很难找到适当的地方来建造那么宽又耗材巨大的防洪堤，尽管一部分耗材可以通过建造停车等服务设施来解决。对于纽约市来说，这意味着需要地方、州和联邦政府的合作，特别是美国陆军工程兵部队的协助。日本的例子证明这种方式是可行的，不过技术上可行并不意味着它能完全阻断水流。

在德国汉堡，一个旧港口经重建抬高了 20 英尺（约 6.10 米），在这之上允许建造住宅，并留有一条应急服务通道以保证洪灾时的交通。地面层被作为停车场和商业区，洪水来时可关闭金属闸门。纽约市也有望实施滨水区的高层化建设，类似想法已出现在现代艺术博物馆的相关建筑创新展览中，如建设疏散通道、对公众开放海滩和防洪设施与住宅结合等，这些都可以利用改造纽约市的旧港口来实现。

以综合性洪水治理计划为目标

由于问题的复杂性和未来气候的不确定性，纽约市需要一个综合性的洪水治理计划。目前，只能通过社区评估机制和国家洪灾保险计划鼓励社区制订社区洪灾管理计划来实施减灾措施，以获取保险费折扣，但已有纽约政府的专家指出社区评估机制对包括纽约市在内的人口高密度地区并没有那么强的吸引力。

保险公司需要和政府合作制订更加全面的方案，分析包括气候变化、备选方案、资金成本和不同方案的优劣。在国际上，巴黎可以作为一个综合性洪水治理的范例。它展示了如何才能加强建筑和基础设施的抗洪性能，而且不同性能等级又是如何和保险折扣率挂钩的。伦敦对气候变化及洪水风险进行的研究（Thames 21）讨论了不同的应对策略及其成本和优点。

纽约市长期规划和可持续发展市长办公室与多方利益相关者都有关系，正是研究制订这个计划的不二选择。

第一章

纽约市的气候变化和洪灾风险

　　气候变化的种种迹象表明，至 21 世纪末，纽约市将面临每年 4 ～ 7.5 摄氏度的气温增长、5% ～ 10% 的降水量增长，以及至少 12 ～ 23 英寸（约 0.30 ～ 0.58 米）的海平面上升（Horton 等，2010）。海平面上升具有不确定性，假使包括格陵兰冰原在内的冰川融化速度超过现有模型模拟的速度，上升的速度预计会更快。

　　有两种风暴可能威胁到纽约市：飓风和东北风暴（nor'easter），两者都会引发风暴潮与洪水。记录显示自 1815 年，已有 15 场飓风袭击了纽约市，其中最高的达到了扎菲尔辛普森（Saphir-Simpson）等级 3 级。这类等级飓风的直接侵袭会引起巨大经济损失，而东北风暴也具有相当高的风速并造成相当大的灾害（LeBlanc 和 Linkin，2010）。风暴潮及其带来的沿海洪水主要是强风巨浪形成的。例如，目前 1/100 洪水区的风暴能在曼哈顿下城区形成 8.5 英尺（约 2.59 米）高的海浪（Horton 等，2010）。而海平面上升会增加洪灾强度、频率和时长。纽约市气候变化委员会预测 2080 年发生 1/100 洪水的概率是现在的四倍，而 1/500 洪水区会平均每 200 年就发生一次（纽约市气候变化委员会，2009）。目前的 1/100 洪水区和 1/500 洪水区的水位分别是 8.6 英尺（约 2.62 米）和 10.7 英尺（约 3.26 米）。到 2080 年，这两个数值会分别上升至 9.4 英尺（约 2.87 米）和 11.5 英尺（约 3.51 米）（纽约市气候变化委员会，2009；Horton 等，2010）。

　　除了气候变化，社会经济发展，如易受灾区的人口和经济增长也会对未来洪灾风险产生重要影响。据观察，全球范围内自然灾害损失日趋加重。这主要由社会经济发展造成，例如未来也会延续沿海地区的城市化（Aerts 等，2009）。纽约市也不会在这全球趋势之外，并已经体会到了人口聚集和经济活动致使的洪灾风险上升（Gornitz 等，2001）。根据纽约市城市规划局的报告（纽约市城市规划局，2006），纽约市人口会在 2030 年从 2000 年的 800 万上升至 910 万，上升 110 万，即 13.9%[1]。这一增长意味着需要新建住宅和公共设施，包括进一步提高未来滨水区的经济价值和增加娱乐机会。

大部分洪灾风险评估局限于有害影响（灾害）。洪水灾害一词泛指洪水所造成的一切损失。洪水灾害可分为以下几类：直接灾害与间接灾害，而两者又分别可进一步分成有形灾害和无形灾害（Smith 和 Ward，1998；Penning-Roswell 等，2003）。直接灾害包括建筑和经济财产、农作物和家畜、即时健康影响、生命和生态损失（Smith 和 Ward，1998；Merz 等，2004；Büchele 等，2006）。间接灾害指与直接灾害相同但不发生在受灾地区及时间的灾害。间接灾害的例子包括交通、贸易和公共服务的停滞（Büchele 等，2006）。有形灾害指可以以金钱估价的损失（如资产损害和产品的损毁）。无形灾害，例如洪水对社会和环境的影响（Smith 和 Ward，1998），如人们的生命一样不能简单用金钱估价（Lekuthai 和 Vongvisessomjai，2001）。

为了更深入地探讨滨水区在洪水管理中的角色，我们会着重于两个方面：受威胁的财产（直接灾害）和受威胁的人口（人口数）。

受威胁的财产

很多研究为纽约飓风提供了大致的潜在洪水灾害预估。其中 Nicholls 等人（2008）用了一种相对简单的方法来估算全球 135 个港口城市的受威胁人口及财产数额。其中纽约 - 纽瓦克地区目前预计潜在损失约为 3200 亿美元。考虑人口增长，潜在损失可能会在 2070 年增长至 17 390 亿美元。再加入海平面上升 0.50 米这一变量，潜在损失预计为 21 470 亿美元。

LeBlanc 和 Linkin（2010）指出 3 级飓风的直接袭击会导致超过 2000 亿美元（表 1.1）的损失。另外，具有高风速的东北风暴也能造成不小的危害。例如 1992 年 12 月的风暴直接导致了超过 10 亿美元的损失和曼哈顿下城区的洪水。纽约州的一份关于气候变化及应对的报告（纽约州，2010）对纽约市区特大洪水区的潜在损失做出了预估。直接灾害和间接灾害一共 580 亿美元，其中 480 亿美元属于间接灾害。间接灾害包括灾后重建资金。这表明城市资产正在不断增长，估计已达到 40 亿美元。在假设海平面上升高度为 2 英尺（约 0.61 米）和 4 英尺（约 1.22 米）的情况下，这一数值可以升至 700 ~ 810 亿美元，其中间接灾害为 570 ~ 680 亿美元。

---

1 美国人口普查局表示，2006 年纽约市人口增长至预估的 820 万。

表 1.1　现存的对纽约市中心区潜在风暴损失的估算（直接损失和间接损失）

	1992 冬季风暴	1/100 洪水	1938 飓风	3 类飓风	最大损失（目前）	最大损失（2080）
Nicholls 等 (2008)[a]					3200 亿美元	21 470 亿美元
Pielke 等 (2008)			370 亿～390 亿美元			
LeBlanc 和 Linkin(2010)[b]	7.2 亿美元			>2000 亿美元		
纽约州 (2010)[c]		580 亿美元				

a 纽约市 - 纽瓦克地区；
b 来自其他来源，如 ISO/PCS, AIR Worldwide, RMS, Eqecat,Insurance Information Institute；
c 基于哥伦比亚大学的 K. Jacob 和 G. Deodatis 的计算。

受威胁的人口

Nicholls 等（2008）预计纽约 1/100 洪水区受威胁人口为 154 万。因人口增长，在 2070 年可能会增长至 237 万。若假设海平面上升 0.50 米，这一数值为 293 万。Maantay 和 Maroko（2009）使用最新绘图方式（Cadastral-based Expert Dasymetric System, CEDS）来估算纽约市 1/100 洪水区受威胁人口（图 1.1），得出结果约为 40 万。

不确定性与完善风险预估的必要性

潜在损失和受威胁人口应予以解释。Nicholls 等人（2008）在论文中指出他们只使用了洪水深度作为低分辨率的数字高程模型（DEM）的指标。洪水灾害显然也和很多其他因素挂钩，如洪水流速和泛滥程度。另外纽约市的建筑和基础设施均不在他们研究范围之内，高层建筑中的人和财产也被与单层建筑做相同估价。

Maantay 和 Maroko（2009）显示了数据不确定性和洪水区人口算法的影响。他们使用之前提到的 CEDS 绘图法，并将之与传统方法比较。新方法的核心在于将空间数据打散至更小的单元，并用辅助数据来更好地定位人口。它的主要优势是不受限于地域，如人口普查分区、邮政编码或其他行政分区。"后者往往假设人口在区域内是均匀分布的，但实际情况并非如此。"（Maantay 和 Maroko，2009）

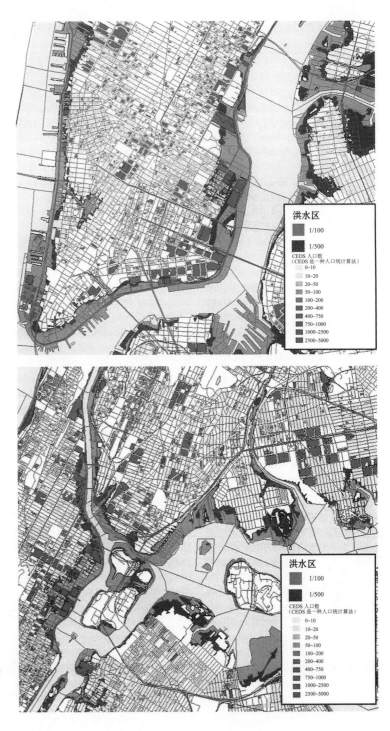

图 1.1 曼哈顿下城区（上）和哈勒姆河流域（下）1/100 洪水区和 1/500 洪水区的受威胁人口数量（Maantay 和 Maroko，2009）（可见文前彩图）

在 2005 年 Katrina 飓风（"卡特里娜"飓风）造成 710 亿美元损失（据瑞士 Re 保险统计）后，各种研究和政策都把洪水及气候变化应对方面的开发项目建设看得越来越重要。有观点认为这些空前的巨大损失是之前 20 年不考虑安全性的社会经济发展造成的，应在未来的沿海建设中吸取教训。Burby（2006）提出了两个主要悖论。第一，"安全发展悖论"，联邦政府鼓励在洪泛平原上进行城市化建设，实质上是加重了灾害损失，但它同时又想要通过建设堤坝来让危险区变得安全，而且还提供洪灾保险。第二，"地方政府悖论"，地方政府在城市化中没有给予洪水灾害问题足够的关注。

这些都可以成为未来城市建设的教训，特别是如滨水区之类受飓风威胁的地区。因此，重点讨论怎样在联邦内施行洪灾保险计划，而纽约市的建筑规范和洪灾区域规划政策又怎么样能够为抗洪提供帮助。

第二章

纽约市洪灾损失预估

虽然一些研究已经从全球角度分析了纽约市的洪灾风险，但关于单体建筑、征税地块等级和基础设施方面的数据却少得可怜（LeBlanc 和 Linkin，2010）。因此我们利用了空间信息（如规划区、单体建筑、基础设施和洪灾区域规划）对多方信息进行整合。分析的目的是更深入地探讨目前洪水区内的不同建筑类型。此外，还用不同计算方法得出 1/100 洪水区、1/500 洪水区和其他四个飓风洪水区的建筑风险数值（如 Grossi 和 Kunreuther，2005；De Moel 等，2009；De Moel 和 Aerts，2010）。这些分析的结果提供数据支持，并有助于判别纽约市的哪些滨水区应被优先执行新的防洪政策。这些受威胁区的建筑与规划的详细信息可以为接下来研究预算和防洪措施的优点打好基础（Ward 等，2010）。此外，我们也计算了纽约市地铁及隧道的潜在损失，以计算出全部的潜在洪灾损失（建筑物 + 基础设施），也便于对比建筑与基础设施的损失。

研究使用的数据库已在附录 C 中列出。下文描述了可用于此研究的数据特征。软件 ARCGIS 9.3、Grass 6.4.0RC6、Quantum GIS 1.5、一个 PostGIS 后端和 MATLAB 被用于处理空间分析和数据分析。请注意研究中使用的大部分关于纽约市建筑的数据是为了税收、规划、审查和区域分划而制作的。因此，为了适用于洪水灾害模型，必须对数据做近似处理，在下文中也会指出。

已有数据与数据收集

MapPLUTO 数据库由纽约市城市规划局建成[2]。数据库包括税单数据和主要建筑及其结构数量。例如，MapPLUTO 有地块上建筑楼层数、建筑类型和预估寿命、建筑翻新时间、建筑估价和

---

2 网址为 http://www.nyc.gov/html/dcp/heml/bytes/applbyte/shtml.

图 2.1 曼哈顿区、布鲁克林区和皇后区的局部高程图和地铁路线图（可见文前彩图）

所有结构的占地面积。数据词典标有变量和数据的限制因素。

纽约市信息技术与通信部门（DoITT）提供了建筑占地面积数据[3]。这些建筑边界往往附有一个建筑识别号（BIN）。可以通过地址目录（PAD）将建筑边界导入到 MapPLUTO 数据库并将 MapPLUTO 的数据附在每栋建筑上。其他的数据库都有一个紧急事故处理办公室（OEM）提供的数字高程模型（图 2.1）。

洪水区的信息在洪灾保险评估地图上公布，可从联邦紧急事件管理局的地图服务中下载[4]。洪灾保险评估地图是洪灾保险研究的产物，有纸质和电子两种形式。洪灾保险评估地图标有特殊

3 数据可从 www.nyc.gov/datamine 下载。

4 见 http://msc.fema.gov.

表 2.1　基于联邦紧急事件管理局技术资料 1.3 "使用洪灾保险率图（洪灾保险评估地图）"的洪水区信息

联邦紧急事件管理局的洪水区分类	
V 类区	离海岸线最近的地区，在 1/100 洪水期间会受海浪、高速水流和侵蚀的影响
A 类区	1/100 洪水影响区域，但是受灾不会像 V 类区一样严重
AO 类区	受轻量洪水或 1/100 洪水的层流影响；如果出现在沿海的洪灾保险评估地图，那么最容易发生在沿海沙丘的内陆侧。主要参考数据是洪水深度，而非基础洪水水位
X 类区	不受 1/100 洪水影响的区域
VE 类区	具有确定基础洪水水位线的 V 类区
AE 类区	具有确定基础洪水水位线的 A 类区

注意：旧洪灾保险评估地图用字母和数字来标示区域（如 A1、A10、V10）。表格中的分类使用了字母，可以忽略数字。另外，旧洪灾保险评估地图将 X 类区标为 B 或 C 类区。来源：www.FEMA.org。

洪水区（SFHA），其受洪水影响的概率小于或等于 1/100。按照洪水灾害特性和严重程度，特殊洪水区可被分为几类（表 2.1）。1/100 洪水区被分为 A 类和 V 类区，而 1/500 洪水区被用来表示一个大致的未来洪水区范围。

　　数据准备的第一步就是将 MapPLUTO 有关区域规划的地块数据附在建筑数据上。建筑数据显示单体建筑数量为 1 049 871，有 950 921 个有 BIN 识别号。其中 950 919 为实际单体建筑，它们中有 945 669 个和 PAD 数据相符合，反之，39 407 个 BIN 识别号没有对应的 PAD 数据。当然只靠一个匹配数据，90 852 座建筑是没办法被清晰定位的，因为每个 BIN 识别号实际上都对应 2 ~ 35 个 PAD 记录。最后，只有 854 817 座建筑物可以被准确定位到地块上。这就表示如果要使用 BIN 识别号，195 054 座建筑（约占 19%）都要被排除在外。

　　由于使用 BIN 识别号会损失 19% 的数据库，我们决定用另一种方法来代替，即使用纽约市城市规划局的地块用途定位。通过假设一个地块上的建筑在建筑类型和楼层数量上都是相近的，将这个地块的所有建筑都归为某特定类区。如果一个地块有多种不同类区，那么这个地块则按地面层的主要用途分类。这样说来，工业用途是最有可能的，商业次之，而住宅可能性最小。在住宅（R）、商业（C）和生产制造（M）之外，我们还加入了其他（O）这一类别来归类非 R/C/M 类的建筑，如公共建筑、军事基地及设施和大型基础设施（见附录 F）。O 类还细分为建筑占大部分面积的地块（如博物馆、学校、教堂）和建筑占小部分面积的地块（如停车场、机场和码头）两种。

洪水区建筑分析

表 2.2 显示了纽约市 1/100 洪水区和 1/500 洪水区的建筑数量。前者约有 33 122 座建筑，后者约有 66 249 座建筑。要注意的是那些在 1/500 洪水区的建筑也同样被包括在 1/100 洪水区的列表中。另外表格还显示了重要设施的数量，重要设施不局限于公共服务设施（如医院、消防站和军事基地），也指那些易造成巨大损失的设施，如加油站（详见附录 D）。在目前的 1/100 洪水区 V 类区，MapPLUTO 中登记的设施有 18 处。在 1/100 洪水区，所知的共有 252 处，而 1/500 洪水区有 436 处。

MapPLUTO 中的信息包括建筑改建时间，这往往意味着翻新时间（表 2.2）。在 1985—2009 年，1/100 洪水区共有 2146 座建筑进行了改动，约占其建筑总数的 6.5%。对比 1970—1985 年间 191 座这个数据有了可观的增长。进一步研究发现，大多数翻新过的建筑物（1165）建于 1920—1950 年，占 1985—2009 年翻新建筑总数的 54%。一座建筑物可被翻新多次，我们只算最近一次翻新的时间。

表格中列出了不同洪水区空地的数量。V 类的这一数据为 11.8%，而 A 类区为 16.3%。特别是斯塔藤岛（Staten Island），很多地块是空地，这为新建建筑的规划政策和建筑规范提供了机会。表格还列举了拥有地下室的住宅数量。尽管只限于两 / 三户家庭住宅，但仍与洪灾风险预测相关，可以从中看出更严苛的针对地下室的建筑规范是否能够有效降低风险。在 1/500 洪水区中，大量建筑都带有地下室。因此在地下室加入防洪结构也许能够有所帮助。

图 2.2 列出了 A 类区和 V 类区中不同楼层数建筑的数量。其中最多的是 2~3 层，其次是 3~9 层。很明显在 V 类区，很少有建筑超过 3 层。此信息可用来分析建筑物中人群疏散的风险。

图 2.3 是一张标明地块中主要建筑物高度（楼层数）的地图。数据显示在布鲁克林区（Brooklyn）和皇后区（Queens），很多地块都只有 2~3 层的建筑。地图底部的黄色地块是拉瓜迪亚机场（LaGuardia Airport），全部位于 1/100 洪水区内。

受威胁地区价值及人口数分析

在估算纽约市洪水区内受威胁财产的价值上，我们使用了各种不同的方法，包括使用受威胁

表 2.2 1/100 洪水区、1/500 洪水区、1/2/3/4 类飓风洪水区的建筑数量、地块数及面积（联邦紧急事件管理局洪灾区域规划具体参见表 2.1）

	1/100 洪水区		1/500 洪水区	1 类飓风区	2 类飓风区	3 类飓风区	4 类飓风区
联邦紧急事件管理局洪水区规划	VE	A, AE, AO	X500	—	—	—	—
建筑数量	997	33 122	66 249	14 778	108 973	205 459	287 702
拥有地下室的住宅数量 [a]	236	4565	11009	未知	未知	未知	未知
重要设施数量 [c]	18	252	436	未知	未知	未知	未知
翻新建筑数量（1985—2009）[e]	100	2146	4093	1342	6450	12 047	17 015
地块数量	1612	33 442	56 415	18 883	92 421	155 398	199 395
空地数量 [b]	355	5694	7034	2974	2974	10 371	12 512
空地面积（百万平方英尺，1 平方英尺 ≈ 0.09 平方米）	0.98	12.86	16.37	9.92	9.92	21.94	24.08
总面积（百万平方英尺，1 平方英尺 ≈ 0.09 平方米）	8.31	78.64	114.33	41.17	139.99	205.02	248.26
空地面积百分比 [d]	11.8	16.3	14.3	24.1	7.09	10.7	9.7

a 信息只限于两 / 三户家庭住宅，且 MapPLUTO 没有提供所有两 / 三户家庭住宅的信息；
b 信息来自 MapPLUTO 数据库的用地分类；
c 医院、消防站、警察局、军事基地，详见附录 D；
d 洪水区中空地数与总地块数的比例；
e 如果一座建筑被翻新超过一次，只计入最近翻新的那次；
一：不适用。

建筑总价值、受威胁地面层总价值和每平方英尺价值。结果在表 2.3 和图 2.4 中进行了总结。作为说明，表 2.3 也加入了每个洪水区受威胁人口数。

　　估算受威胁建筑总价值 总价值将包括洪水区的所有建筑，机场建筑、港口建筑、停车场和

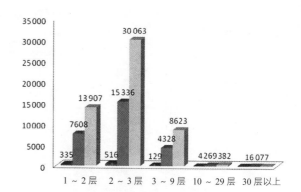

图 2.2 1/100 洪水区（A 和 V 类区）和 1/500 洪水区的建筑数量，按建筑层数分类（可见文前彩图）

■ 1/100 V 类区 ■ 1/100 A 类区 ▨ 1/500 洪水区

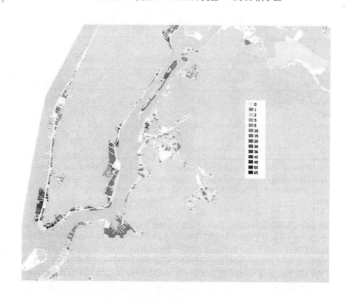

图 2.3 1/100 洪水区以个地块的主要建筑的楼层数（可见文前彩图）

公园也包含在内。每个地块的信息汇总决定总价值。MapPLUTO 数据库有土地加建筑总价值和土地总价值两种，我们将前者减去后者，可得到建筑物总价值。1/100 洪水区的价值为 59 亿美元，然而 A 类区的数字显示为 183 亿美元。1/500 洪水区的总价值为 223 亿美元，包括 1/100 洪水区所有建筑物的价值。因此额外的价值为 40 亿美元。

利用地面层价值计算 上文中的建筑总价值也许并不准确，在洪水中一座建筑完全损毁的概率并不大，除非是在 V 类区高洪水流速的情况下。地面层价值是建筑物价值除以楼层数得到的，

表 2.3 纽约市各洪水区受威胁的地产价值和人口数

	1/100 洪水区		1/500 洪水区	1 类飓风区	2 类飓风区	3 类飓风区	4 类飓风区
联邦紧急事件管理局划定的洪水区	VE	A, AE, AO	X500	—	—	—	—
根据建筑总价值 [a]	5.99	18.32	22.31	15.58	27.14	34.42	45.91
根据地面层价值 [b]	3.48	6.26	7.44	5.59	8.32	11.01	13.15
受威胁人口 [c]	2932	214 978	462 971	119 208	701 674	1 352 683	1 973 577

a 由总估算价值减去总地产价值得出（单位为 10 亿美元，2009 年的价值）；
b 由建筑价值除以楼层数得出（单位为 10 亿美元，2009 年的价值）；
c 人数，使用 Maantay 和 Maroko(2009) 的数据库；
—：不适用。

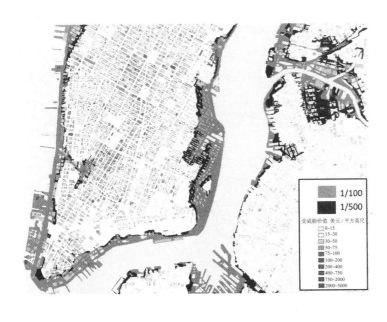

图 2.4 根据位于曼哈顿区和布鲁克林区的建筑地面层得出的受威胁价值（单位：美元每平方英尺，1 平方英尺 ≈ 0.09 平方米）。注意：图中的浅蓝色区域代表预想的 1/100 洪水区，深蓝色代表 1/500 洪水区（可见文前彩图）

更能准确地估算洪灾损失。表 2.3 中，地面层价值的数据分别为 34.8 亿美元（1/100 洪水区 V 类）、62.6 亿美元（1/100 洪水区 A 类）和 74.4 亿美元（1/500 洪水区）。很明显，对于有混合建筑类型的地块来说，结果会因所选建筑类型的不同而产生高估或是低估的情况[5]。不幸的是，在算法中这种情况没办法被排除。请注意洪水区的地下室很容易受到损害（表 2.2）。不过因为 MapPLUTO 只有少数住宅的地下室数据，所以我们没有计算地下室的损失。这种算法得出的数值可能是偏低的。

利用每平方英尺价值　为了更好地将关注点放在建筑的洪灾损失而不是地块本身的损失上，我们估算了每座建筑物每平方英尺的价值。方法是，首先假设不同类型的建筑单位面积价值都是相同的，然后假设不同层和层中不同区域的价值也是均匀分布的。在这一前提下，计算出地块所有建筑的占地面积。然后用地面层价值除以占地面积得出单位面积（平方英尺）的价值。为了计算出每座建筑的价值，可以将单位面积价值乘以它的占地面积。

但这个算法存在着一些问题，特别是对于大面积的高价地块，如公园和飞机场这样没什么建筑物的地方。举例来说，地块 34699（中央公园）的估算价值为 27.7 亿美元，而地块价值为 26.7 亿美元。这就得出其建筑价值为 1 亿美元。这个数字所对应的实际占地面积非常小，就会导致单位面积价格被高估。另一个缺点是在以建筑占地面积为基础的计算中，很多地块都没有被包括其中。一些地块具有很高的价值，但因为在信息技术与通信部门中没有相应数据而无法纳入计算。这意味着实际的总价值被低估。除去这些短板不谈，对于曼哈顿的建筑而言，这种算法得出的住宅和商业单位面积价值在 1 ～ 400 美元之间，是比较合理的（图 2.4）。

随时间推移的损失价值　图 2.5 显示了 1880—2009 年（以 2009 年美元价值计算）所有地产价值随时间推移而增长。从中可得出四点结论。第一，在 20 世纪 30 年代和 90 年代，随着城市发展，地产价值出现了巨幅增长，其中包括一些昂贵的地块，如机场和海军基地。第二，在 20 世纪 90 年代，1/100 洪水区的增幅与 1/500 洪水区相近。这说明国家洪灾保险计划的洪灾管理并没有起到抑制 1/100 洪水区发展的作用。第三，1/100 洪水区、1/500 洪水区和飓风区这三个洪水区基于地面层的价值估算在 20 世纪 30 年代是最为接近的。这说明在 20 世纪 30 年代，相对于高层建筑，在洪水区新建了很多低层建筑。不过请注意这些计算有一定的不确定性，因为新的建筑可以取代

---

5 例如，在一个地块上，一座建筑为 5 层的办公楼，而另一座建筑为单层厂房。

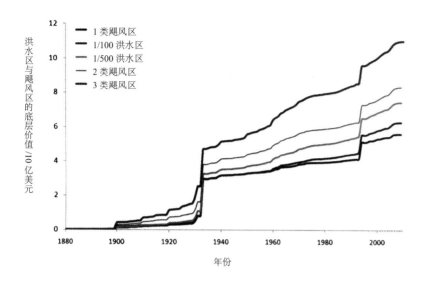

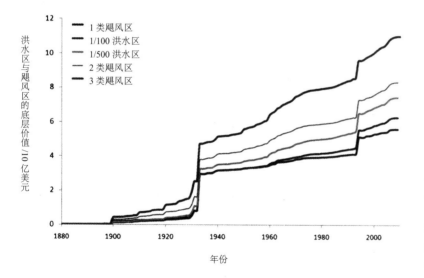

图 2.5 1/100 洪水区、1/500 洪水区、1 类和 3 类飓风洪水区的累计受威胁地产价值（1880—2010 年）。注意：上面的图表示总累计价值，下面的图则表示地面层的累积价值（2009 年价值）（可见文前彩图）

老的建筑。第四，两张图都表明洪水区的发展是随时间推移稳步进行的。结合很多地块还未被开发这一事实来看，这一趋势意味着第三章至第六章会着重于如何通过规划、建筑规范和保护措施来降低新建筑的洪灾损失。另外，图 2.6 地图明确了 1/100 洪水区建筑物的建造年代，大部分建筑建于 1930—1960 年。

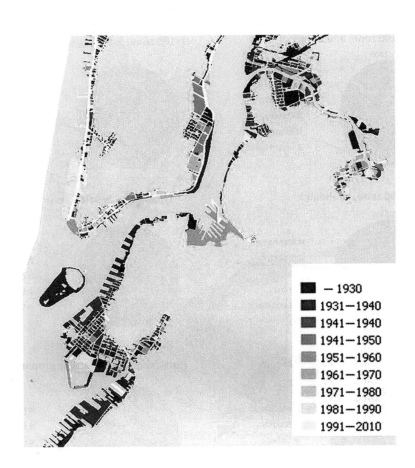

图 2.6 1/100 洪水区的建筑年代
（可见文前彩图）

图例：
- — 1930
- 1931—1940
- 1941—1940
- 1941—1950
- 1951—1960
- 1961—1970
- 1971—1980
- 1981—1990
- 1991—2010

受威胁价值的分布 图 2.7 基于 1/100 洪水区和 1/500 洪水区的地面层标示了受威胁价值的分布。在"其他"非建筑类这一栏的价值数额很高。这些数字主要来源于沿海洪水区内的海军基地和主要机场。它们在 1/500 洪水区中并不占太大比重，因为后者主要包括近陆地区的住宅和商业用地。该图同时显示住宅区占地面层价值比重最小。

图 2.8 是纽约各区中位于 1/100 洪水区、1/500 洪水区及 3 类飓风区的建筑数量和地面层价值分布图。就受威胁建筑数量来说，皇后区多于其他各区：12 310 座建筑位于 1/100 洪水区，24 862 座建筑位于 1/500 洪水区。布鲁克林区在 3 类飓风区内的建筑最多，有 104 500 座。皇后区的地面层价值在三个洪水区中所占比重最大，与其受威胁建筑数量多这一点相符。曼哈顿的比重仅次于皇后区，因为这里建筑的平均价值要高于其他各区。不过，曼哈顿的数值还是比一般预想的要低，大概是因为位于曼哈顿的大多数是高层建筑，拉低了地面层相对于整座建筑的价值。

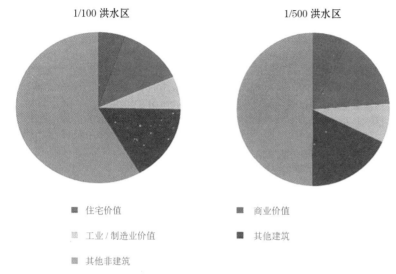

图 2.7　1/100 洪水区和 1/500 洪水区中不同建筑类别地面层价值的分布（可见文前彩图）

每种规划类型的受威胁价值分布

受威胁人口数　表 2.3 列出了根据 Maantay 和 Maroko（2009）的研究提供的数据得出的各洪水区的受威胁人口数。1/100 洪水区的数字比已知文献提供的要低很多，这是我们使用的 GIS 分类系统精度不高导致的。Maantay 和 Maroko（2009）估计受威胁人口数为 400 000，而我们得出的数字为 214 978。另外，附录 H 是各区受威胁人口分布情况，其中布鲁克林、曼哈顿和皇后区为前三。

纽约市交通系统的潜在损失

大多数研究估算的纽约市洪灾损失包括建筑和基础设施两个方面（见第一章）。我们现在讨论纽约市交通系统的潜在损失，并将其与建筑损失进行对比。目前大都会运输署（MTA）有大约 44 000 英尺（约 13.41 千米）的水下地铁隧道需要被保护（图 2.9）。很多研究都强调了洪水可能对纽约市铁轨和地铁系统造成的损害。例如，表 2.4 中间的一栏是低于 1/100 洪水区水位的基础设施数量。

历史上的洪灾表明纽约市铁道系统是十分脆弱的。例如，位于纽约市和新泽西之间的 PATH 铁轨系统在 1992 年冬天的一次洪水中遭受了严重损害（美国陆军工程兵部队，1995）。在美国

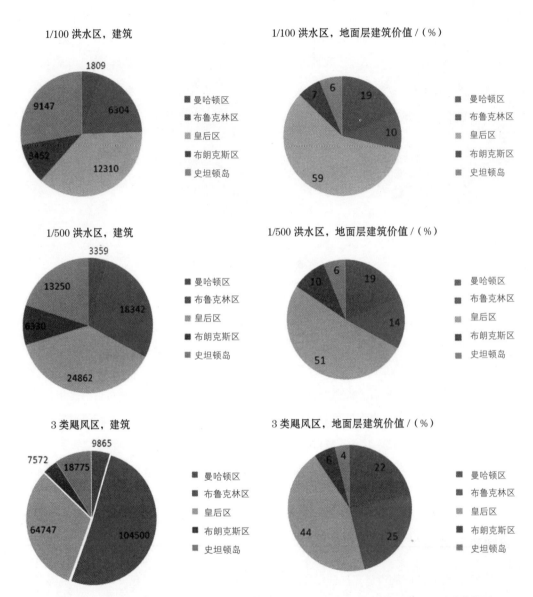

图 2.8 1/100 洪水区、1/500 洪水区和 3 类飓风区中每个区的建筑数量（左）和受威胁地面层价值（右）（可见文前彩图）

陆军工程兵部队（1995）的研究中，讨论了很多假设及这些假设会如何影响路面隧道和地铁隧道。以强度与 1/100 洪水相当的 1 类飓风来说，水会淹没 Amtrak 隧道及费城站和中央车站的低洼部分、曼哈顿地铁从巴特利至第十四大街部分及东河隧道（美国陆军工程兵部队，1995）。最重要的是洪水淹没的速度决定了我们有多少时间来清空隧道（纽约州，2010）。

极端降雨量同样可能对铁路系统造成损害。举例来说，2007年8月的数场雷暴引发的洪水使纽约市地铁系统停滞（大都会运输署，2007）。在洪水中，处于低洼处的铁路会直接被淹没。如果路面被洪水掩盖，水会直接进入换气口或地铁入口（大都会运输署，2007）。尽管实施了洪水管理措施，将水引导至排水系统中，但是由于水流速度和水量都过大，超过了地铁排水系统的承受极限。有时下水管道被碎片堵塞还会使情况进一步恶化。这种情况下，地铁停止运行（大都会运输署，2007）。

地铁系统的直接损失包括检查费用、轨道修理和设备更换（如铁轨继电器、变压器、电动机、型号设备等）（大都会运输署，2007）。Compton等人（2009）证实，以往的洪灾中地铁损失的大部分都来自电力系统、信号设备和灾后长达数星期甚至数月无法使用的自动扶梯。另外还有轨道和车站中的碎片和污泥清理费用。

图2.9 曼哈顿区和布鲁克林区位于1/100洪水区和1/500洪水区中的地铁线（彩色）和铁轨（黑色）。通风口、地铁和隧道入口用黑色长方形表示。来源：纽约市信息技术与通信部门，见附录C（可见文前彩图）

表 2.4 可能受海平面上升影响的纽约地区交通基础设施总结

交通基础设施种类	高于海平面 10 英尺（约 3.05 米）或以下	高出海平面 10 ~ 12 英尺（约 3.05 ~ 3.66 米）
运输：铁路车站	10	4
地铁：PATH 铁轨系统	17	3
路面交通：道路、桥、隧道	21	9

来源：Zimmerman 和 Faris（2010）；Zimmerman 和 Cusker（2001）。

我们分别计算了不同铁路系统的洪灾损失：北方地铁铁路公司（MNRR）、长岛铁路公司（LIRR）、新泽西公共交通公司（NJT）和纽约市运输管理局（NYCT），同时使用 Compton 等人（2009）研究洪水对奥地利维也纳地铁影响的论文（详见附录 G）中描述的方法，计算了路面隧道的直接损失（表 2.5）。在他们的研究中，数据主要取自历史上地铁遭受洪水的例子，如波士顿、首尔、台北和布拉格。这些经验数据还用于和维也纳地铁的洪灾损失模型进行比较。附录 G 中有一张历史地铁洪灾损失的表格。Compton 等人（2009）假设了直接损失和受损轨道长度间存在"α"关系（见附录 G），计算得出隧道损失为 9400 万 ~ 58 700 万美元。

交通系统的间接损失按照铁路停运时间和其他估算方法来计算。我们采用了 Compton 等人（2009）的估算值，后者得出每英里（约 1.61 千米）铁道的均价为 166 万美元（2010 年价值）。计算中假设每次乘坐价格为 2 欧元，与纽约市 2.25 美元的价格相当。在此基础之上，计算得出损失为 7.4 亿 ~ 9 亿美元，根据被淹铁轨长度不同而不同（见附录 G）。在另一种算法中，损失被按照延期或取消行程的旅客人数来计算，得出了不同的价格，为 1.4 亿 ~ 3.12 亿美元。

总的来说，铁道系统的直接与间接损失总和为 2.3 亿（1.4 亿 +0.94 亿）~ 14.9 亿（9 亿 +5.87 亿）美元。这比建筑的直接损失与其他基础设施（如机场）的损失都要低。

间接灾害　请注意这些数字仅限于铁轨设施范围内的损失，并不包括其对其他业界造成的损失。洪水间接损失是由经济妨碍、紧急事件的额外费用和其他防洪行动造成的。"这包括受洪水影响的公司产品的损失、产品供货商和消费者的损失、交通停滞的损失和紧急服务的费用"（英国洪灾研究中心，2008）。到目前为止，我们一直在关注建筑物及基础设施的直接损失，而只是稍微提到纽约市地铁系统遭受的间接损失。而已有研究显示，洪水对经济造成的间接损失是不容忽视的（Bockarjova，2007；Hallegate，2008）。

Hallegate（2008）发表的论文通过投入与产出模型讨论了直接损失和间接损失之间的关系。这个模型被用来刺激 Katrina 飓风过后的路易斯安那州的经济。结果表明被阻碍的经济会加重直接损失。例如，Katrina 飓风的直接损失为 1070 亿美元，间接影响为 420 亿美元（为总和的28%）。此外，Hallegate（2008）发现总损失和直接损失之间存在非线性关系（当后者超过 500亿美元时）。"例如当直接损失超过 2000 亿美元时，损失总和是直接损失的 2 倍。"这些发现可被用于纽约市未来的洪水灾害研究中。

洪灾管理的经验与教训

前面分析了纽约市各洪水区建筑的类型和数量，并对受威胁财产价值和交通系统的潜在损失做出了估算。在接下来的分析中，会更加详细地预估洪灾风险并阐述洪灾管理措施的成本和优点。虽然这些分析看起来比较简单，但会为洪灾管理提供很多有价值的方法。位于纽约市洪水区的建筑数量巨大，其中 1/500 洪水区中的数量约为 1/100 洪水区中的 2 倍。如果 1/500 洪水区相当于未来的 1/100 洪水区，那么可以预见受损害的建筑数量会持续增长。

数据显示过去很多建筑都被翻新过。这意味着也许能利用翻新这一契机来对建筑物施行更加严格的规范，以帮助降低其洪灾风险。此外，带有地下室的建筑的数量也很巨大，特别是 1/500洪水区。这表明如果能针对地下室采用防洪措施，洪水风险会大大降低。20 世纪 30 年代建造了很多低层建筑，这些建筑的抗洪性相对来说是比较弱的。如何提升它们的抗洪性也是需要研究的问题。

从我们得出的不同的估算结果可看出，纽约市的洪灾风险是巨大的。特别是皇后区，与其他各区数据相比皇后区在洪水打击面前十分脆弱。综合来说，在 1/100 洪水区发展的过程中，洪灾风险管理做得并不成功。可以看到洪灾风险正随时间推移而稳步上升，这一趋势在未来也会一直延续下去，再加上很多地块目前还是空地这一事实，怎样降低新建建筑的洪灾风险就显得至关重要。损失估算多样化的构成表明洪灾风险管理不能只关注于保护建筑物。事实上，损失的大部分来自于非建筑物，如基础设施。最后，我们的计算得出纽约市的建筑和交通系统损失都会是十分巨大的，而间接损失尽管没有详细讨论，但也可以预见会占损失总额的很大一部分。

表 2.5 纽约市隧道设施的直接洪灾损失（地铁、美国铁路公司和道路），采用 Compton 等人（2009）的损失系数计算（见附录 G）

名称 东河隧道（南到北）	年份	长度／米	长度／英尺 （1 英尺≈0.30 米）	大都会运输署线路 #	关键高度 ／英尺（1 英尺≈ 0.30 米）
布鲁克林区 - 炮台公园隧道 （Brooklyn-Battery Tunnel）	1950	2779	9117		8.6
杰拉莱蒙街隧道 （Joralemon Street Tunnel）	1908	1641	5385	4,5	9.8
蒙塔格街隧道 （Montague Street Tunnel）	1920	1191	3908	M, R	7.5
克拉克街隧道 （Clark Street Tunnel）	1919	1800	5900	2, 3	9.1
克兰贝利街隧道 （Cranberry Street Tunnel）	1933	933	3060	A, C	7
鲁特格斯街隧道 （Rutgers Street Tunnel）	1936	838	2750	F	10.6
14 大街隧道 （14th Street Tunnel）	1924	1018	3341	L	7.2
东河隧道（East River Tunnel）	1910	1204	3949	长岛铁路公司	9
皇后区 - 曼哈顿中城隧道 （Queens-Midtown Tunnel）	1940	1955	6414		10.6
施坦威隧道 （Steinway Tunnel）	1915	1067	3500	7	11
53 大街隧道 （53rd Street Tunnel）	1933	1006	3300	E.V	10
60 大街隧道 （60th Street Tunnel）	1920	1673	5489	N, R, W	
63 大街隧道 （63rd Street Tunnel）	1989	960	3140	F	12.7
Harlem River（南到北）					
莱克星顿大街隧道 （Lexinton Avenue Tunnel）	1918	335	1100	4, 5, 6	9.9
149 大街隧道 （149th Street Tunnel）	1905	195	641	2	
康克斯隧道（161 大街） ［Concourse Tunnel（161 St）］	1933	552	1810	B,D	
Hudson River（南到北）					
下城区哈得孙通道 （Downtown Hudson tubes）	1909	1720	5976	PATH 铁轨系统	7
霍兰德隧道（Holland Tunnel）	1927	2600	8400		7.6
上城区哈得孙通道 （Uptown Hudson tubes）	1908	1700	5500	PATH 铁轨系统	7.4
北河隧道 （North River Tunnel）	1910	1900	6100	新泽西公共交通公司	
林肯隧道（Lincoln Tunnel）	1937—1957	2300	7900		10.6
总损失					

a 关键抬升高度取决于通气口、隧道入口和车站入口的高度（见美国陆军工程兵部队，1995）；

b 直接损失计算采用 Compton 等人（2009）的计算方法，用 α 等于 3.2 和 20 来计算最小和最大损失，见附录 G。

续表

最小损失（百万美元）[a]	最大损失（百万美元）[b]	备注	维护
8.9	55.6	I-478	纽约市 / 纽约市区间桥梁隧道管理局
5.3	32.8	IRT 莱克星顿大街线（4，5 区间）	纽约市运输管理局 / 大都会运输署
3.8	23.8	BMT 百老汇线（N, R 区间）	纽约市运输管理局 / 大都会运输署
5.8	36.0	IRT 百老汇 - 第 7 大街线（2，3 区间）	纽约市运输管理局 / 大都会运输署
3.0	18.7	IND 第 8 大街线（A, C 区间）	纽约市运输管理局 / 大都会运输署
2.7	16.8	IND 第 6 大街线（F 区间）	纽约市运输管理局 / 大都会运输署
3.3	20.4	BMT 柯纳西线（L 区间）	纽约市运输管理局 / 大都会运输署
3.9	24.1	美国铁路公司和长岛铁路公司	美国铁路公司 / 长岛铁路公司
6.3	39.1	I-149	纽约市 / 纽约市区间桥梁隧道管理局
3.4	21.3	IRT 弗拉辛线（7 区间）	纽约市运输管理局 / 大都会运输署
3.2	20.1	IND 皇后区林荫大道线（E, M 区间）	纽约市运输管理局 / 大都会运输署
5.4	33.5	BMT 百老汇线（N, Q, R 区间）	纽约市运输管理局 / 大都会运输署
3.1	19.2	上段：IND 63 大街线（F 区间）下段：未来长岛铁路公司至中央车站	纽约市运输管理局 / 大都会运输署
1.1	6.7	IRT 莱克星顿大街线（4，5，6 区间）	纽约市运输管理局 / 大都会运输署
0.6	3.9	IRT 白原路线（2 区间）	纽约市运输管理局 / 大都会运输署
1.8	11.0	IND 康克斯线（B, D 区间）	纽约市运输管理局 / 大都会运输署
5.5	34.4	蒙哥马利 - 柯兰特隧道 /PATH 铁轨系统	PAUTHNYNJ
8.3	52.0	I-78	PAUTHNYNJ
5.4	34.0	赫博肯 - 莫顿隧道 /PATH 铁轨系统	PAUTHNYNJ
6.1	38.0	美国铁路公司 / 新泽西公共交通公司	美国铁路公司 / 新泽西公共交通公司
7.4	46.0	NJ 495/I-495	PAUTHNYNJ
94.0	587.3		

第三章

国家洪灾保险计划与纽约市

现有国家洪灾保险计划和联邦减灾政策

联邦政府通过国家洪灾保险计划在全美范围内提供洪灾保险，其中纽约州占 316 亿美元，纽约市占 80 亿美元。这一计划于 1968 年由国会启动，并于 1969 年、1973 年和 1994 年分别进行了多次修正以求更有效地施行。该计划于 20 世纪 60 年代设立，使地方政府的规划和土地使用管理决策能够充分认识洪水灾害，并保证洪水易发区达到保险要求（美国国会，1996，a 和 b 部分，引自 Burby，2001）。从理论上来说，一个完善的洪灾保险计划和符合实际的保险费用可以通过给出价格信号来防止洪泛平原的不合理发展，并通过给洪水区居民发放补助的形式来刺激业主采取防洪措施，以此使社会福利系统获利（Burby，2001；Burdy 和 van den Bergh，2008）。国家洪灾保险计划让业主能够购买很多商业保险无法提供的特定条件下的洪灾保险。

国家洪灾保险计划的保险标准包括洪水、海浪侵蚀及泥石流导致的直接物质损失。住宅的最高保额大致在 25 万美元[6]，非住宅（如商店）则为 50 万美元。基础设施、生命及农业风险并不在国家洪灾保险计划的范围内。同样，虽然飓风造成的洪灾损失包括在国家洪灾保险计划中，但诸如飓风引起的大风造成的损失却不能获得国家洪灾保险计划的赔偿，不过这可以通过购买商业保险解决。2007 年在纽约市和长岛，商业保险（不包括国家洪灾保险计划，但包括大风损失）共支付保险金 2.3 兆美元，这反映了受威胁财产数额的庞大（LeBlanc 和 Linkin，2010）。这笔钱估计等于参保建筑置换结构的费用和商业建筑在生意方面的损失。

---

6 住宅保险标准包括熔炉、热水器、空调等的结构性损坏；洪水残迹的清理；地毯、地砖等地表材料的损坏。

表 3.1 国家洪灾保险计划的利益相关方和各自的责任

联邦紧急事件管理局
　　设定保险费用
　　划定洪灾区域
　　绘制洪灾地图
　　设计并审核建造要求和社区的洪泛平原管理
　　向减灾项目提供补助金
　　提供洪灾保险

州政府
　　授权并协助地方政府制定建筑规范

地方政府
　　管理洪泛平原的建筑

商业保险公司
　　制定市场保险条例
　　处理赔偿事务

国家洪灾保险计划的操作方式类似于公私结合。表 3.1 列出了国家洪灾保险计划的主要利益相关方和各自的责任。联邦紧急事件管理局负责管理这个项目并设定保险金数额，划定洪水区，制作洪灾风险地图并提供洪泛平原的建造标准。州政府授权和帮助地方政府制定建筑规范。原则上，社区可以自愿选择是否加入国家洪灾保险计划。保险公司作为销售代理商只需承担其承保的风险，但是国家洪灾保险计划需要承担风险并负有最终财务责任。国家洪灾保险计划就像一个全国性的风险集中地，不会将风险再分保给其他商业保险。政府则像最后的分保接受人，一旦出现赤字，国会会为国家洪灾保险计划提供资金，原则上来说这笔钱是欠款，未来是需要归还的。大多数保险金都与损失相符，除了大灾难时期，就像 Katrina 飓风那样。像瑞士 Re 保险这样的分保接受人不拥有国家洪灾保险计划的股份。对于工厂和大型商业设施来说，商业洪灾保险是十分具有吸引力的，因为国家洪灾保险计划 50 万美元的保险金实在是太低了。例如，瑞士 Re 为这类保险分保并为大风险保单提供保险。除了国家洪灾保险计划，联邦政府也许可以为地震和飓风易发区提供补助，但这种特别的补助不属于保险计划的一部分。

国家洪灾保险计划过往的修正案　国家洪灾保险计划是一个经常被灵活调整的计划，自 1968 年设立以来已经被修订过多次。深入研究主要修订的内容和目的可以帮助我们更好地理解现行的计划。表 3.2 列出了主要修订内容。1969 年的修订是由于国家洪灾保险计划无法在适当的时间范

表 3.2　国家洪灾保险计划修正案

修正案	待解决问题	主要修订内容	结果
保险法，1969	详细洪灾地图研究和绘图有限	确立"紧急时期"，国家洪灾保险计划可以在此期间完成初步的洪灾地图绘制和洪水研究	社区在没有详细洪灾研究的情况下也可加入国家洪灾保险计划
		向愿意致力于减少洪灾风险的地方政府提供洪灾保险	
洪灾防治法案，1973	国家洪灾保险计划的社区参与率低	不参与国家洪灾保险计划的政府无法拿到补助金	参与社区数在五年内从小于 3000 上升至大于 18 000
	低市场渗透率	不参与国家洪灾保险计划内的社区业主无法得到联邦救灾补助	
	建筑规范对业主参与保险的刺激不够	不在国家洪灾保险计划的洪水区的社区业主无法得到联邦贷款	
		持有联邦贷款的 1/100 洪水区的业主必须购买洪灾保险	
国家洪灾保险改革法案，1994	低市场渗透率	对持有联邦贷款的 1/100 洪水区的居民加强洪水保险强制购买的监管力度	被强制购买的个人对洪灾保险需求的上涨
	因为对防灾的鼓励不足，造成高额损失	对没有保险的受灾业主减少受灾补助	超过 60% 的国家洪灾保险计划投保人加入了 2000 年的社区评估机制
		要求 1/100 洪水区的业主持续购买保险	社区评估机制帮助减少了佛罗里达州社区的保险赔偿
		设立社区评估机制，奖励投入防灾建设的社区	每年约有 2000 万美元用于补助
		资助州和地方政府落实防灾措施	
		将对符合国家洪灾保险计划规定的受灾建筑的补偿增加至 20 000 美元	
洪灾保险改革法案，2004	重复损失	减少地产的严重重复损失	重复受灾损失超出联邦紧急事件管理局的控制

来源：Burby 和 French（1985）；Pasterick（1998）；Burby（2001）；Kriesel 和 Landry（2004）；美国国土安全局（2009）；Michel-Kerjan 和 Kousky（2010）。

围内处理所有洪水研究信息和洪灾风险地图。这些研究信息是将社区纳入计划所必需的。为了解决这个问题，社区被允许在所谓"紧急时期"选择加入国家洪灾保险计划。另外，地方政府需要同意尽最大努力来降低建筑物的洪灾风险。原则上来说，这份修正案在计划的初期减少了动员更多社区加入计划的负担。

第二次修订案发生在 1973 年，当时国会通过了洪灾防治法案（美国国会，1973）。这次修订是因为当时参与国家洪灾保险计划的社区数量很少，而且洪灾保险的市场渗透率也不高。同时该计划也不能很好地刺激防洪法规的实施。修订的目的是为了通过减少或拒绝对非国家洪灾保险计划社区的洪灾支援或联邦资助来提升社区的参与度。法案要求 1/100 洪水区的业主在有联邦按揭的情况下必须购买洪灾保险，以此来提高市场渗透率。这些修订被证明十分有效地鼓励了社区参与国家洪灾保险计划，并且促进了市场渗透率的增长。不过监控和强制购买的举措也一直受到诟病（Burby，2001）。

1994 年的国家洪灾保险改革法案，目的在于提升洪灾保险的市场渗透率和通过提升防洪性能减少损失（美国国会，1994）。日益增强的监管、洪灾保险的强制购买规定、对无保险业主补助的减少、资助 1/100 洪水区业主购买保险都提升了市场的渗透率。经验证实强制规定提升了洪灾保险的购买率（Kriesel 和 Landry，2004）。社区评估机制被建立，这是一种给予自愿投入防洪措施的社区业主以保险费折扣的机制。大部分加入国家洪灾保险计划的人参与了社区评估机制（Burby，2001），而且社区评估机制被发现降低了社区的洪灾投诉率（Michel-Kerjan 和 Kousky，2010）。

1994 年的法案也设立减灾补助计划（表 3.3），为州政府和地方政府提供资金补助。在这之上，还有"达标支出"的补助来帮助居民修缮他们的住房，以达到国家洪灾保险计划的标准。这些资金作为额外补助被分发给参与了最大保额为 3 万美元的国家洪灾保险计划的业主，让他们能够达到州政府和地方政府（包括国家洪灾保险计划的条例）关于建筑修缮或重建的要求。补助计划涉及水位、防洪、迁移、建筑修缮，审查严格，至 2006 年为 3209 份申请提供了 5900 万美元（Wetmore 等，2006）。这是其严格的要求导致的，只有特定的昂贵措施才能获得补助资金。

对于国家洪灾保险计划，一个一再发生的问题是很多高危地区的建筑重复遭受洪水侵害。大约有 1% 的国家洪灾保险计划投保建筑被定义为重复损害建筑，自 1978 年以来，占总申请的 38%（Bingham 等，2006）。2004 年的改革为减少这些建筑的损失，开展了一个试点活动，设立了重复洪灾赔偿申请补助计划和严重重复受灾计划。虽然有这些举措，但重复受灾的建筑数量仍在上涨（美国国土安全局，2009）。

表 3.3 2010 年住宅的洪灾保险年费标准

地区风险等级	地区	规范	建筑及设施	纯建筑	纯设施
中低风险	B, C, X	优先	395 美元[a]	—	228 美元[b]
中低风险	B, C, X	标准	1489 美元	911 美元	618 美元
高风险	A	标准	2633 美元	1620 美元	1053 美元
沿海高风险	V	标准	5700 美元	3487 美元	2253 美元

a 有地下室的建筑费用，高于没有地下室的建筑；
b 若只有地面层以上的设施拥有保险，则费用会更低；
来源：联邦紧急事件管理局（2010）。

总结来说，以上讨论表明目前的国家洪灾保险计划中包含了很多条目。计划本身被多次修订，致力于解决和应对实际问题，如提升社区参与、市场渗透率和降低洪灾风险。虽然其中有一些十分成功，但国家洪灾保险计划还面临着很多挑战，也有很多提升空间（具体可参考下文）。下面会对国家洪灾保险计划的主要项目做详细讨论。

购买国家洪灾保险计划保险的要求 1/100 洪水区参与国家洪灾保险计划的个人和商业公司被要求购买国家洪灾保险计划的洪灾保险，以此作为获得各种灾后联邦补助和联邦按揭（包括房利美和房地美的按揭）的先决条件。这一要求的客观理由是为刺激市场对洪灾保险的渗透。保额需要和未支付的按揭贷款等额，但是不能超过国家洪灾保险计划的最大保额。规范由 8 家管理银行业务和按揭贷款的机构执行，包括货币监察处、美联储、联邦存款保险公司、储蓄机构管理局、农业信贷管理局和国家信贷管理局等。业主有责任在贷款期间持续参保。联邦借贷机构有权对违反规定的贷方处以货币处罚。贷方需要评估参保的地产是否能够达到保险的强制要求，告知借方国家洪灾保险计划的保险是必需的，并保证在贷款期间保险的持续。如果人们"忘记"更新保险，银行在察觉后会强制要求其购买其他利率更高的商业洪灾保险作为替代（Tobin 和 Calfee，2006），并向借方收取保险费。这样业主就会在贷款期间持续购买国家洪灾保险计划的保险。这对如劳合社保险（Lloyds）的商业保险公司来说是很有吸引力的市场，因为他们可以收取更高的保险费。

洪灾地图和保险费 联邦紧急事件管理局的一项重要任务是进行洪灾研究和制作洪灾地图。这包括划定洪灾区域，标注泄洪道、洪水水位和流速。联邦紧急事件管理局将泄洪道定义为"其周围的土地受到保护的水道，可确保洪水时期将水排出，使水位不超过设计高度"。洪泛平原或洪水区指遭受洪灾侵袭的地区，并经常用受灾频率来标示，如 1/100（百年一遇）洪泛平原。这些洪灾方面的研究形成了联邦紧急事件管理局的基础。联邦紧急事件管理局以历史平均损失为基础设定全美范围内的保险费数额。保险费率根据洪水区等级被分为几档。需要注意的是全美的保险费用标准都是相近的，不论是经常遭受洪灾的地区还是从来没有发生过洪水的地区。国家洪灾保险计划通过洪水周期来对洪水区进行分级。其中很重要的一个类别就是 1/100 洪水区，即该区洪水发生概率约为百年一次，同时也被叫作特殊洪水区。以下是洪灾风险等级分类的差别依据：中低风险区（B/C/X 类区），不属于 1/100 洪水区；高风险区（A 类区），属于 1/100 洪水区；沿海高风险区（V 类区），属于 1/100 洪水区（表 3.3）。

表 3.3 列出了不同类区针对住宅损害的保险费标准，有建筑和设施两种。该表给出了不同类区费用的参考，具体数额需要根据其他因素，如建筑类型、楼层数量、赔付等级和折扣率[7]来计算。表格中的数字均指最高赔付，为 25 万美元（住宅建筑）和 10 万美元（设施）[8]。中低风险区有两种条款：优先风险条款和标准风险条款。其中优先风险条款的 8 年费用更低，需要业主达到建筑历史洪灾情况的标准[9]。A 类和 V 类区这样的高风险区只有标准风险条款这一种，保险费用更高，后者最高可达 5700 美元。纽约市的平均洪灾保险费用为每年 776 美元，平均赔付为 218 563 美元。与其他州相比较高，原因是其资产价值普遍更高（Michel-Kerjan 和 Kousky，2010）。

在国家洪灾保险计划的洪灾地图诞生之前建成的洪水区建筑支付的保险费用较低，占实际总保险费用的 35%～40%（Bingham 等，2006）。为了保证公平性，支付更高保险费用的业主会得到补助金，他们其中很多人也许根本不知道自己的房产位于洪水区中。另外，这些补助金也被用来鼓励业主购买洪灾保险和刺激社区加入国家洪灾保险计划（Burby，2001）。表 3.3 中的数字为标准保险费，参保人会因为他们房屋的最底层高于基础洪水水位而得到一定的费用减免。这些减

---

7 参保人有 6 种折扣可选择：500 美元、1000 美元、2000 美元、3000 美元、4000 美元和 5000 美元。折扣越低，国家洪灾保险计划的保险费用就越高。

8 非住宅类设施的最高赔偿为 50 万美元。

9 之前有过 2 次赔偿申请，拿到过最低 1000 美元的赔偿或拿到过 3 次任意额度赔偿的业主不适用于优先风险条款。

表 3.4 社区评估机制每个等级的折扣率

分类	折扣	分类	折扣
1	45%	6	20%
2	40%	7	15%
3	35%	8	10%
4	30%	9	5%
5	25%	10	0%

来源：联邦紧急事件管理局（2006）。

免对新建与既有建筑都是适用的。根据国家洪灾保险计划的规定，新建建筑本身就需被抬高至基础洪水水位以上，因此，只有高于标准的新建建筑才能拿到进一步的减免。为了达到减免标准，参保人需要向保险代理机构出示工程师和鉴定师认证的房屋高度证明。这份证明中包括基础洪水水位、结构高度和建筑物在洪泛平原中的位置。

参保人还可以通过社区评估机制来进一步获得费用减免，只要他们的社区投入建设减少洪灾风险的设施，折扣率最高可达联邦紧急事件管理局标准的 45%。每一个社区居民均可享受这一折扣。社区评估机制根据社区的投入多少建立了 1～10 十个等级标准，其中 1 代表高投入，而 10 代表没有投入。表 3.4 列出了每个级别可获得的折扣率。社区可以通过普及防洪意识、建造防洪设施和促进保险分级来提高其级别。社区评估机制不适用于优先风险条款。

国家洪灾保险计划要求和洪灾防治　原则上来说，社区可自行选择是否加入国家洪灾保险计划，尽管也有一些州政府将此作为强制措施（Burby, 2001）。国家洪灾保险计划制定了一系列标准，社区必须符合以下标准才能获赔。

①地方政府必须限制泄洪道的开发，但对于洪泛平原的其余地区不必做强制规划要求；
② 1/100 洪水区的地面层和新建建筑必须被抬高至基础洪水水位高度；
③如果既有建筑的更新超过其建筑市场价值的 50%，那么也必须符合这一高度要求；
④泄洪道内的移动房屋必须被固定，不允许建造新的移动房屋；
⑤包含不同地块的地产需要就防洪措施进行审查。如在洪灾易发区域一定要做好防洪措施。工厂和公共设施的选址和建造都要考虑减少洪灾损失，必须提供适当的排水系统。

在社区加入国家洪灾保险计划后，需要达到 1/100 洪水区的高度要求，同时不能在泄洪道进行任何建造工作。国家洪灾保险计划通过洪灾保险的条款来管理地方，要求地方政府进行场地勘测，州政府也可以向国家洪灾保险计划举报违例。此外，还可以通过"费用申请过程"来检查社区的执行情况。一个业主申请洪灾保险赔偿之后，如果建筑没有达到一般标准，则需要对建筑进行特别评估来计算赔偿费用。例如，如果这栋建筑不是如申请表格上所写，而是远低于基础洪水水位，就需要采取特别评估。申请表被提交至联邦紧急事件管理局，然后被统一制成数据库，用来评估国家洪灾保险计划标准的执行程度。

补助计划 表 3.5 列出了国家洪灾保险计划目前主要的 5 个补助计划。减灾补助计划可以为州政府、地方政府和一些非政府组织提供灾后补助基金（联邦紧急事件管理局，2009）。补助的主要目的是在灾后推广抗洪性更好的重建工程。它不仅为洪灾提供资金，同时也会资助其他灾害，如地震和野火。洪灾补助计划主要用来减少洪灾损失、为州和地方政府提供资金来完善联邦紧急事件管理局的技术、评估风险和制订补助计划、落实"防洪建筑"项目。灾前防治补助计划于 2000 年启动，主要任务是帮助减灾补助计划在灾前筹集资金，这比在受灾后再行动更为有效。

重复洪灾赔偿申请补助计划为参保国家洪灾保险计划的受损建筑提供全额资金（表 3.5），且这部分补助不算在保险费内。资金会被优先发放给可以为国家洪灾保险计划节省资金的申请。此外，严重重复受灾计划为政府的防灾行动提供财源来采取减灾措施，如抬高、重置、拆迁、重建、防洪、地产购买等。州政府和地方政府需要拿出被提供资金的 25%，如果这个州已有合格的补助计划或联邦紧急事件管理局认为这个州已经采取了行动来减少严重重复受灾损失，这个比例也可降至 10%。联邦紧急事件管理局补助是国家洪灾保险计划保险费之外的。如果一个重复受灾的业主拒绝接受补助，那么国家洪灾保险计划保险费会升至 150%，保险费根据该地区预估风险决定。2006 年和 2007 年的补助资金为 4000 万美元，2008 年和 2009 年为 8000 万美元，2010 年为 7000 万美元。在纽约州和新泽西州，分别有 206 和 509 座建筑物被定义为严重重复受灾建筑，分别约有 400 万美元和 1100 万美元被用来加固这些建筑（美国国土安全局，2009）。

国家洪灾保险计划的优点和缺点

很多研究都讨论过国家洪灾保险计划的实效，并提出了改进建议，其中主要针对如何鼓励和刺激降低洪灾风险的措施（Burby，2001，2006；Wetmore 等，2006；Kunreuther 等，2009）。这

表 3.5 联邦紧急事件管理局补助计划

补助计划	要求	符合条件的接受者	主要资助行为	年资助金额
减灾补助计划	统计灾害公告	州和地方政府、一些私人的非政府组织	抬高、拆除住宅和重置住宅，建筑翻新；关键设施的洪水防治；建造洪泛风险避场所	三部分：（1）首笔 20 亿美元补助金的 15%；（2）20 亿 ~ 100 亿补助金的 10%；（3）100 亿 ~ 353.33 亿补助金的 7.5%
洪灾补助计划	防灾计划及预算	州和社区	对评估风险和制订防灾建设计划的补助；对抬升、收购、拆除、重置国家洪灾保险计划技术的资助	3230 万美元，2010 年
灾前防治补助计划	防灾计划	州和社区	抬升和重置公共和私人建筑；对关键设施的洪水防治；设备保护措施；风暴降水管理；自然沙丘、野火和雪崩后的植被重建；结构和非结构的翻新；公共和私人躲避场所的建造；自发的地产收购	2009 年 9000 万美元
重复洪灾赔偿申请补助计划	国家洪灾保险计划一次或多次赔偿不符合洪灾补助计划的要求	州和社区	收购、建筑翻新、重置；限制永久空地的产权转让	每年 1000 万美元
严重重复受灾计划	只针对住宅区：10 年内的洪灾损失达到以下任意一点：（1）四次或四次以上保险赔偿，每次至少 5000 美元；（2）两次或以上洪灾保险赔偿，价值总和超过地产价值	州和社区	抬高、重置和拆除既有住宅建筑，历史物的防治办法；地方的物理防洪水防治措施；拆除并按照基础洪水水位高度要求重建（或根据更严格的地方法规）	2010 年 7000 万美元

来源：Burby（2001）；联邦紧急事件管理局（2008）；联邦紧急事件管理局（2009）。

些研究都没有深入讨论国家洪灾保险计划需要如何改进来应对未来增长的洪水风险，而这正是本章要做的。诚然现有研究提出的降低洪灾风险的建议和未来由于气候变化而提升的风险不无关系。我们要做的是关注国家洪灾保险计划怎样为纽约市滨水区的防洪建设做出贡献，虽然很多内容也适用于更广的范围。

通过国家洪灾保险计划强制购买保险　虽然国家洪灾保险计划已成功为很多业主提供了洪灾保险，但洪灾保险的市场渗透率仍然很低。实际的数据很难被估算，但 Dixon 等人（2006）已经对此做了研究。1/100 洪水区中只有 49% 的单户住房拥有国家洪灾保险计划的洪灾保险，这与 Kriesel 和 Landry（2004）给出的沿海洪水区的估算值相近。如果没有强制购买规定，市场渗透率会只有约 1%。不同地域的市场渗透率也不尽相同。观察表明，美国东北部的估算数值为 28%，但南部的则为 60%，是所有地区中最高的。这个例子中并不包括纽约，就我们所知道的而言，目前还没有人对纽约市的洪灾保险市场渗透率做出具体调查。2010 年国家洪灾保险计划的保险总件数为 37 000，这意味着纽约的保险数量同样会很低。商业洪灾保险的市场占有率相对国家洪灾保险计划来说更不确定，因为它并没有被监控或记录。Kriesel 和 Landry（2004）给出了商业保险在沿海地区的占有率，约为 4%。大型工业比较倾向于参保。

有很多解释来说明为什么洪灾保险的市场渗透率如此之低。强制购买只对 1/100 洪水区中拥有联邦贷款的业主适用，租户没有任何义务购买洪灾保险。这在很大程度上限制了强制性，只有 50% ~ 60% 的单户住房家庭被要求强制购买（Dixon 等，2006）。1/100 洪水区外的居民也不是必须购买洪灾保险，很多业主在他们的贷款还清之后会立即降低保险额度，因为规定只要求保险额度能够大于贷款额（Tobin 和 Calfee，2006）。政策的执行率估计在 75% ~ 80%（Dixon 等，2006）。强制实施的过程是复杂的，因为联邦紧急事件管理局并没有凌驾于 8 个金融机构之上的权力，后者负责检查规定是否被执行（Wetmore 等，2006）。很多人对人们不愿自发购买洪灾保险做出了行为学上的解释，如个人对风险和认识的低估（Browne 和 Hoyt，2000）。

低市场渗透率对鼓励降低洪灾风险来说是一个障碍。之前提到的国家洪灾保险计划市场渗透率的研究中提到很多业主并没有参保，这暗示了保险没有能够强制市场降低洪灾风险或防止对泄洪道非经济的占用。同样，它分散风险的功能也被削弱，致使已参保的保险费用升高。国家洪灾保险计划的保险遭受了逆向选择，导致了费用税收收入和赔偿支出的差额，而如果没有人来购买保险，是无法产生足够的税收收入的。在保险市场，如果大部分高风险者选择购买保险，而保险公司无法有效地从高风险者中辨别出低风险者，并对前者收取更高额的保费，那么就会发生逆向选择。特别是对于因气候变化而不断上升的洪灾风险，更需要加强市场渗透率来分散风险，并很好地利用保险来鼓励业主投资降低风险。如果气候变化导致洪水风险上升，就意味着更多未参保的业主遭受损失，这会增加联邦补助的负担或使很多业主陷入经济困境。更高的市场渗透率有助于适应气候变化，减轻其带来的影响。

洪灾保险评估地图和保险费　国家洪灾保险计划很重要的一个优点就是为研究洪水风险和制作洪灾地图提供了一个平台，不然就美国的地理面积来说，这会是一项很大的工程。事实上，国家洪灾保险计划标出了美国大部分洪水区，并在网上实时更新洪灾保险评估地图的信息。一份详细且准确的地域洪水风险评估是一个能够良好运作的保险计划的基础，因为保险费需要根据风险来设定。再者，这样的地图为地方洪泛平原管理提供了重要信息。

根据 Burby（2001）所说，洪灾风险研究的质量会因为以下四个原因而无法达到一定的准确性。第一，缺少资金来实时更新地方的洪灾保险地图。第二，没有能够标明洪水排水位置，一旦水坝损毁便会遭受严重损失的区域和防洪基础设施的位置。如果 1/100 洪水区的某地区被足够高的堤坝保护起来，能够不受 1/100 洪水的侵害，那么这一地区应被标记在 1/100 洪水区之外。但是很多人认为堤坝的维护通常是不充分的，还有很多可能失效的机械装置会导致洪水风险超过 1/100 的水平，因此为这些地区绘制地图需要格外小心（Bingham 等，2006）。第三，没有任何关于未来灾害和风险变化的制图或规定，如分水岭的建设、土地下沉、侵蚀和气候变化导致的海平面上升。第四，绘图往往不够详细，不能帮助将洪灾信息纳入土地规划和管理中。例如，与我们讨论的纽约市的规划师提到过，有些地块一部分在 1/100 洪水区内，而一部分在洪水区之外。这种情况下检查员需要决定该地块是否需要符合洪水建筑的规范。

洪灾保险评估地图不够准确的结果有三种。第一，虽然保险费部分是由洪灾等级分类决定的，但是如果绘图不精确，那么它并不能反映出真实的风险。这会削弱业主降低风险的积极性（Kunreuther，2008）。第二，不标出一些风险（如防洪设施的失效）的决定会造成对风险的低估，保险费过低会导致国家洪灾保险计划的损失，不利于减少损失（Burby，2001）。过去，国家洪灾保险计划经历过保险税收与赔偿支出的巨大差额，特别是 1972—2005 年（Pasterick，1998；Burby，2006）。第三，Burby（2001）指出，综合来说，洪灾风险评估地图在空间上的不准确性、详细地理信息的缺失和建筑边界线的缺少，给地方政府实施比国家洪灾保险计划更严格的建筑规范和洪泛平原的规划，造成了很大麻烦。

目前洪灾风险地图的不准确性对气候变化导致的风险增长来说是一个很严重的问题。如果现在的灾害信息不足以帮助政府和个人有效降低风险，那么这些不理想的防洪措施和准备会在未来造成巨大损失。此外，更新地图信息也十分重要，因为风险会随洪泛平原的社会经济发展和气候变化而不断变化。准确和即时的联邦紧急事件管理局洪灾地图对纽约市的滨水区发展来说至关重要。举例来说，1/100 洪水区的划分确定了新建建筑的最低标准和其是否需要购买洪灾保险。洪灾地图作为保险计算的基础数据，为新发展提供了价格指导，同时也刺激了业主和承包商在防洪措施上的投入。

总的来说，国家洪灾保险计划的保险费不能完全反映风险（LeBlanc 和 Linkin，2010）。主要有四个原因：第一，1/100 洪水区中先于国家洪灾保险计划建成的建筑在保险费上获得了资金补助。虽然补助比例从 1985 年的 83% 降到了 2004 年的 25%，但由于件数数量庞大，总数额仍然很高（Bingham 等，2006）。从原则上说，保险费主要出自新建建筑。第二，现在的保险费水平只够国家洪灾保险计划支付"历史平均损失"年的赔偿费，还未达到大灾难年的标准。这意味着，综合来说保险费是偏低的。Katrina 飓风前的保险费差额大约为每年 8 亿美元，这笔钱都需向联邦政府借款（Bingham 等，2006）。有些年间，差额更加巨大，例如 2005 年联邦紧急事件管理局因飓风支付了 192.8 亿美元的赔偿金，而之前年差额只有 22 亿美元，国家洪灾保险计划不得不大量借钱（Michel-Kerjan 和 Kousky，2010）。第三，保险费和减免都没有任何改变，即便是在经受了巨大重复损失之后（不像每次事故后汽车保险费就会变化那样）。据观察，多数重复受灾都发生在沿海地区。第四，目前全国保险费的分级只基于数量不多的风险区域，没有针对不同的州和郡进行调整（GAO，2008）。例如，某些地区 1/100 和 1/500 洪水区的范围非常大，其中不同的地区并没有进行进一步分类。

如果保险费不能真实反映风险，那么对业主投入防洪建设的刺激就会扭曲，加上未来对防洪措施的需求不断增大，问题会变得更加严峻。该计划很有效的一点是鼓励业主将建筑抬高至基础洪水水位之上，因为这样他们就能得到保险费的减免。有讨论指出国家洪灾保险计划应该就 A 类区的折扣率重新进行评估，因为 A 类区的折扣标准是比基础洪水水位高 1 ~ 2 英尺（约 0.30 ~ 0.61米），但实际更高的标准会更加合适（Jones 等，2006）。未来的挑战之一如纽约市未来的预测所示，基础洪水水位在很多地区会呈现上升的趋势（Rosenzweig 和 Solecki，2010）。另一个问题是随气候变化而上升的风险会导致很多地块在类区分级上的移动。目前规定，当地块被划入费用更高的分级后，业主只需要支付原来级别的费用，这一举措被称为"祖父化"（Bingham 等，2006）。如果这一政策持续不变，那么按这一方法缴费的房产会不断增加。

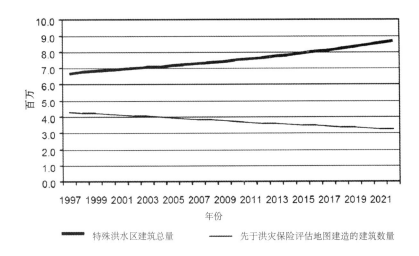

图 3.1　美国特殊洪水区的历史建筑数量和未来预测建筑数量，和先于洪灾保险评估地图建造的建筑。来源：Wetmore 等（2006）

　　社区评估机制刺激了社区为换取折扣而采取减灾措施。虽然，这对减少损失来说是一个好的举措，但是有人指出社区评估机制同时也鼓励了一些社区的低保险收费（Burby，2001）。我们采访的纽约市政府的专家提到，社区评估机制对于纽约市来说并没有什么吸引力。对于政策制定者来说，它对政策和保险折扣的影响还不明了，使得实施过程变得复杂，也并没有那么大的价值。联邦紧急事件管理局也许应该改变这一机制，以更好地适应像纽约这样人口密集的城市。

　　国家洪灾保险计划要求和减灾措施　国家洪灾保险计划面向社区和个人两个层级，将洪灾保险引入风险预防和损失减缓计划。至少国家洪灾保险计划要求地方政府以利于减少洪灾风险的方式管理城市发展。有估算得出国家洪灾保险计划标准和补助计划，每年帮助减少 10 亿美元的灾害损失（Sarmiento 和 Miller，2006）。不过，这方面还有其他可以做的（Burby，2001）。这项计划在限制弱抗洪性的新建筑上十分有效，Pasterick（1998）提到在国家洪灾保险计划之前建造的建筑比之后的要多遭受 6 倍的损失。

　　虽然国家洪灾保险计划在建造防洪建筑这点上十分成功，但是它对高危地区新发展的限制却并不有效。据观察，在国家洪灾保险计划施行最初的 30 年，这些地区的建筑数量增长了 53%（Burby，2001）。如图 3.1 所示，这一趋势在未来也很可能延续下去。虽然在国家洪灾保险计划（洪灾保险评估地图之前）之前建造的建筑数量应该是不断下降的，但由于特殊洪水区高速的城市化进程，建筑总数是上升的。需要承认的是控制洪水高危区的发展能否成功，很大程度上取决于地域的差别。高速发展的沿海地区很难将发展中心转移到非高危地区（Burby 和 French，1985；Burby，2001），这大概是因为未来内陆建造的机会成本更高。

相对于防洪建设的成功，该计划在减少既有建筑的风险上收效甚微。在美国，很少有业主在既有建筑上采取防洪措施（Kunreuther 和 Roth，1998）。国家洪灾保险计划可以收购洪水损失超过其价值 50% 或重复受灾的房产。这些房子之后可以被重置或拆除。在 1968—1994 年，大约 1400 座房产被收购，总价格为 5190 万美元（Pasterick，1998）。虽然这似乎是一个处理高危地区旧建筑的好方法，但是既有建筑重复受灾问题还存在着。例如，据估算重复受灾的建筑在 2004 年大约花费了国家洪灾保险计划 2 亿美元。纽约州在全美重复受灾地区中排第六。1978—2002 年共有 7141 处地产重复受灾，损失共计 1 亿 400 万美元（King，2005）。造成这个问题的一个因素是这些地产的保险费过低，不能起到鼓励采取防洪措施的作用（美国国土安全局，2009）。

另一个问题是地方政府与个人普遍违反国家洪灾保险计划的规定，导致了不必要的损失（Burby，2001）。另外，很多受到洪水威胁的建筑并没有被国家洪灾保险计划所管束，因为它们并不在 1/100 洪水区。只约束 1/100 洪水区这一决定一直受到诟病，似乎这个决定是基于行政理由做出的，而不是出于经济上对成本收益的分析。联邦紧急事件管理局（2006）也承认了这一点。美国的大部分洪灾损失都是由相对低频发生的洪水造成的（Burby，2001）。国家洪灾保险计划可以通过规范这些地区来提升自身的效率，如 1/500 洪水区（州际洪泛平原管理委员会，2000）。

补助计划 联邦紧急事件管理局积极参与各州和地方政府洪水防治的资金筹集。补助金的存在成为很多社区加入国家洪灾保险计划的动力，同时也降低了国家洪灾保险计划和整个社会的洪灾支出。不过补助计划还有待进一步扩大。减灾补助计划和灾前补助计划的预算，大约分别是 3200 万美元和 9000 万美元，考虑范围是全美，并且后者还要资助非洪水受灾，这个数额并不大。诚然更高的补助金额会有更大帮助。国家建筑科学学会（2005）计算过最有效的洪灾补助金的效益成本比例约为 5：1。

重复洪灾赔偿申请补助计划和严重重复受灾计划看起来可以帮助解决国家洪灾保险计划一直遭受的重复损失问题。但是这些项目的预算分别只有每年 1000 万美元和 7000 万美元，短时间无法解决问题。填补所有严重重复受灾损失的总金额约为 18 亿美元（美国国土安全局，2009）。这比现有所有针对重复受灾地区的补助金都要高出很多，后者在 2006 年只有 1.6 亿美元。虽然这也许能够缓解目前赔偿支出的压力，但是需要注意的是风险在不断升高，赔偿金也会因此不断上升。另一个限制是很多补助计划都需要地方政府进行成本分摊，在联邦紧急事件管理局提供补助之前，分摊比率为25%。地方政府经常拿不出这笔资金，结果只得到了有限的补助金（美国国土安全局，2009）。

因此，要靠目前的补助项目来为应对日益升高的风险的政策和措施买单是不太可能的。这些应对措施包括养护海滩，建筑排水沟、海堤和防波堤。另外，上升的海平面会使包括1/100洪水区在内的受灾面积不断增大。这就需要额外的建筑防洪措施，如抬高基础面。因为气候变化的不确定性，应对措施的费用也不能确定。Nicholls（2003）就经济合作与发展组织在应对海平面上升1米上的费用计算出了一个可能的数值，为2570亿美元（2010的价值）[10]，只考虑直接保护并假设风暴条件不变。这一数值也许是偏低的，因为很多费用项目并没有被包括在内，如防洪建筑的支出。某些地区的应对费用会高于其他地区，部分原因是目前的保护措施等级还不理想，这也被称为"适应赤字"。举例说，Nicholls（2009）将纽约市作为"适应赤字"的例子。因为纽约市一部分地区的保护措施（如坚固的基础设施、沿海的防洪措施等）还未达标。现在的补助计划还不能给纽约市的防洪和气候应对提供有效的经济补助，因为它们目前的主要对象是既有建筑。

有关完善国家洪灾保险计划的建议和国际范例

前面提到了国家洪灾保险计划在应对气候变化影响和社会经济发展时的一些缺点。这一部分会提出一些完善国家洪灾保险计划的建议，主要如下。

①提高国家洪灾保险计划的市场渗透率；

②完善洪灾地图；

③使保险费能够反映实际的风险；

④延长保险期限；

⑤将气候变化与国家洪灾保险计划规范相结合；

⑥扩展灾难补助计划。

提高国家洪灾保险计划的市场渗透率 如果国家洪灾保险计划目前低的市场渗透率能够得以提高，那么业主会在灾后得到更好的保险赔偿，同时能够约束更多建筑达到国家洪灾保险计划的

---

10 Nicholls（2003）报告了这些费用总额为1560亿美元（1990的价值），在文中根据消费指数换算成了2010年的等额价值。

要求。在对 1/100 洪水区业主施行保险强制购买这一点上也还有提高的空间。尽管如此，1/100 洪水区之外的市场渗透率仍然会很低。提升低概率洪水区的防灾意识可以提升人们对洪灾保险的需求。鉴于 1/100 洪水区在未来会不断扩大，保险的强制购买措施应考虑在更大范围内实行，如预估的未来 1/100 洪水区，或洪水概率相对较低的 1/500 洪水区。扩大强制购买范围会有益于提升未来洪水区建筑的防洪性能。另外一条途径是将洪灾赔偿纳入所有既有建筑的房屋保险条款，如火灾保险，这样就可以在很大程度上分担风险。这一方法在法国已有先例，洪灾保险与其他自然灾害保险一起被叫作"CatNat"，并且它们作为地产保险的一部分，是强制性的。这一要求使得保险在租户和业主中的市场渗透率极高（Poussin 等，2010）。如果类似要求可以引入美国，那么为了给实施防灾措施提供相应的刺激，按照风险来设定保险费就变得十分重要。法国地产保险通过 CatNat 系统就很多自然灾害造成的损失提供赔偿，美国也可以借鉴这一做法。更广的自然灾害赔付可以解决类似飓风灾害应该由国家洪灾保险计划还是风暴灾害保险来赔付的问题，这些都在 Katrina 飓风过后导致了很多长期官司（Kunreuther 和 Michel-Kerjan，2009）。

完善洪灾地图 前面的讨论着重提到了联邦紧急事件管理局洪灾地图的完善问题。更详尽的绘图对用地规划具有指导性作用。此外，对残留风险需要进一步标注。例如那些被堤坝保护的地区，可能会成为潜在的洪水区，因此也需要施行相应的建筑规范。同时可以建立实时更新洪灾地图的机制，这样在计算洪水区的时候就可以将易受灾区地域环境的改变（如开发建设）充分考虑进去。现在，联邦紧急事件管理局的地图更新计划叫作"洪灾地图现代化倡议"，是于 1997 年开始的（Morrissey，2006）。这一计划主要更新洪灾地图并建立电子地图，便于日后用电脑操作。虽然电子地图能够在以后降低更新的费用，但有人质疑联邦紧急事件管理局是否有足够的能力去实时更新不断在改变的风险状况（Morrissey，2006）。

为了限制不断增长的洪灾风险，绘制能够预测未来洪泛平原变化的地图会很有帮助。例如，知道未来的 1/100 洪水区范围会十分有用（如 2050 年的 1/100 洪水区）。知道这点之后可以对未来洪水区范围内的所有地块都施行目前洪水区的标准，这就保证了未来洪水区内建筑的防洪性能。

人们对联邦紧急事件管理局是否有足够的人力和财力去制作未来的洪灾地图尚存疑虑。也许保险业界需要担当起一个更活跃的角色，参与洪灾地图的绘制，如英国和德国的例子（De Moel 等，2009）。另外，位于洪水区内地区的地方政府，如纽约市，也可以参与进来，制作自己的洪灾地图。Rosenzweig 和 Solecki（2010）提出倡议，建议为纽约市制作未来 1/100 洪灾地图（图 3.2）。这份地图并不标明具体的洪水区边界，只是对未来洪水区的变化做出概括性描述。未来洪水区的

图 3.2 纽约市目前的 1/100 洪水区和预测的未来 1/100 洪水区。来源：Rosenzweig 和 Solecki（2010）（可见前文彩图）

不确定性使得需要更多保险、规划和建筑规范方面的研究。为了更好地指导应对措施，需要更准确的分析，同时也需要标注出洪水风险的分布，以此判断哪些是易受灾区。纽约市目前和未来的洪灾风险预测都应该更加精确，这需要灾害模型和保险公司及学术界专家的共同努力（LeBlanc 和 Linkin，2010）。绘制这些图所需的知识已经被其他国家掌握，例如荷兰已经有针对现在和未来洪灾风险的模型（Bouwer 等，2010）。

使保险费能够反映实际的风险　前面讨论了国家洪灾保险计划的保险费用不能准确地反映参保人面对的实际风险。人们已经充分意识到了基于风险的保险费，可以通过给出易受灾区的价格信号来帮助减少风险（Kunreuther，1996；Botzen 等，2009）。Kunreuther 等人（2009）提出能够反映风险的保险费用是自然灾害保险的基础，对于受灾区的居民和想要搬到这些地区的人来说，给出了洪灾损失的参考。搬入这些地区的居民会被收取更高的费用，如搬到沿海洪水区（表 3.3 中的 V 类区），但是现在保险费用和实际风险之间不精确的关系充其量提供一个模糊的"信号"。对于参保人的刺激，如保险费的折扣，如果没有合理的保险费作为基础，是无法鼓励人们增加对防洪措施的投入。

国家洪灾保险计划可以通过设定更加合理的保险费，来更有效地利用保险减少个人的灾害损失。这可以通过收取足够高的费用来同时保障一般受灾时期和严重受灾时期，并根据不同风险等级更好地区分保险费用。目前，对于给予在洪灾保险评估地图之前建成的建筑的补偿，应该逐渐被淘汰（Bingham 等，2006），"祖父化"机制也可以被废除。

或者，商业保险可以更多地参与制定价格与保险条款，这样可以得出更加合理的费用。目前英国正是这样做的，洪灾保险不需要依靠政府支持（Crichton，2008）。在英国，保险费用根据风险等级分级，数额足以保障洪灾损失。如果有更加详尽的洪灾风险地图，那么国家洪灾保险计划也可以更好地完善保险费系统。

改变国家洪灾保险计划的费用结构会带来一些公正和支付能力方面的问题。在易受灾区，支付低保险费率的住户数量会减少。费率的上升会让受灾区的居民觉得不公平，同时低收入家庭有可能无力支付这笔费用。因此，就需要某种形式的收入补助。不过，任何形式的补助都应来自公共基金，而不是作为保险费的津贴。例如，可以对低收入家庭适当下调税率。借鉴目前美国的食品券政策，Kunreuther 等人（2009）提出是否也可以有"保险券"，由联邦政府发放给低收入家庭，用来购买保险。不过需要注意的是这些特殊补助都是短期的，它们不应被提供给易受灾区的新居民，不然就会变相鼓励人们移居到洪水区。

延长保险期限　现在的洪灾保险均为一年短期，这无疑限制了保险公司和参保人之间的合作，无法达到降低洪灾风险的目的。很多科学专家建议引入长期洪灾保险合同，直接与地产而不是个人相关联，期限可达 5 年、10 年或 20 年（Kunreuther，2008；Kunreuther 等，2009）。长期合同会在保险公司和参保人之间建立起长期关系，鼓励双方投入加大防洪措施。例如，保险公司可以对参保人采取的防洪措施予以类似费用折扣的嘉奖，这一折扣在保险期间一直有效。而短期合同的问题在于参保人不确定防洪措施换来的折扣是否能够长期持续，同时保险公司方面也不愿意为了一些短期合同付出保险利润。长期的合同可以防止参保人因为几年没有遭受洪水损失而退保，这种情况在实际操作中时有发生（Michel-Kerjan 和 Kousky，2010）。如此便可解决此类问题，同时还能增强那些鼓励防洪措施的保险工具的效力。但是，长期保险也有需要面对的挑战，就是如何根据未来改变的风险设定相应的费用。目前对气候变化的预测是否可靠，能否成为制定未来政策的依据还需要进一步研究证明。

将气候变化与国家洪灾保险计划规范相结合　根据气候变化导致的水面高度变化来制定 1/100 洪水区的规范会很有帮助。例如，高度规范可以基于未来的基础洪水水位而不是当前水位。此外，1/100 洪水区的面积会不断扩大，这些未来 1/100 洪水区也应该施行国家洪灾保险计划规范。如果现在不采取这样的措施，那么那些处于未来洪水区中的建筑将来会遭受严重损失。划出未来洪水区和计算潜在水位是一项复杂的任务，也许还会花费很多资金。如果这项任务被认为是不可行的，那么可以用 1/500 洪水区的范围来替代未来 1/100 洪水区，后者与前者范围会大致相同。另外还需要根据 1/500 洪水区目前受灾严重这一事实来调整规范，同时改变只针对 1/100 洪水区这一情况。

扩展灾难补助计划　目前的补助计划不能够应对日益增长的风险所带来的损失。海平面上升需要额外的海滩养护，某些高危地区还需要增加海堤和防波堤。州政府和地方政府的财政紧缺也许会导致这些防护措施的投入不足，而国会补助资金又不易取得。在这种情况下，国家洪灾保险计划补助计划的扩展（如建立专门的"洪灾应对资金项目"）能够有效持续投入建设防洪设施。这笔资金的目的在于防洪，补助金应更好地和沿海地区的建设项目相结合。

　　通过更详细的成本收益研究，可以更好地资助那些最有效的防洪措施。另外，新老补助计划可以考虑在经济上帮助新滨水建设项目的业主和承包商。我们需要更多研究来计算全美洪灾风险应对的总投入，也需要评估补助金对投资的刺激作用。

第四章

纽约市洪灾区域规划政策

简介

纽约市的区域规划已经有很长的历史了，其第一次制订全面的规划方案是在 1916 年（Marcus，1992）。区域规划可以被定义为一部决定建筑大小、用途、位置，或者（从更大的方面来说）纽约市街区密度的法规（纽约市城市规划局，2010b）。规划是一个灵活的工具。在过去十年中，纽约市城市规划局采取了比之前更加宽松的政策，区域之间不再像以前那样彼此隔离。新政策鼓励地块使用的多样性，重新定义了"基于周围环境"的规划方法，以更好地保护城市街区风貌（纽约市城市规划局，2010a）。例如，降低密度的规划方法被用在发展迅速且远离公共交通网的地区。

纽约市的规划政策将地块分为三类，分别是住宅（R）、商业（C）和生产制造业（M）。这三个基本分类会分别再被进一步分为低密度、中密度和高密度三种。另外，只针对住宅，每个区都有规定的住户数、空地空间和最大建筑占地面积。每一个区都有 18 种用途分组，根据功能特点和负面影响分为住宅（1 ~ 2 组）、公共建筑（3 ~ 4 组）、零售与服务（5 ~ 9 组）、地区商业娱乐中心（10 ~ 12 组）、滨水和休闲（13 ~ 15 组）、机动车使用（16 组）和生产制造（17 ~ 18 组）。

基于周围环境的区域规划限制了新建筑的高度、体积、街道退线和临街面长度，以保证新的建筑与原街区统一。体积限制包括大小、容积率、建筑覆盖率、空地、花园、高度、退线等一系列限制，用来决定建筑的最大体积和它在地块上的位置。一个很重要的指标是容积率，它决定了建筑大小与地块大小的关系。容积率是项目用地范围内地上总建筑面积与项目总用地面积的比值（详见附录 B）。

规划区域边界在 126 纽约市规划图上被修正，目前是官方规划决议的一部分。任何规划图的修正案都需要经过"统一土地使用审查程序"（ULURP）。该程序是一个公开审核过程，由城市宪章授权，审查所有规划图修正案提案，如市政项目的地块选择。区域规划由纽约市城市规划局制定，并由楼宇局（DOB）执行。楼宇局有调查员参与审核规范是否被执行。一旦楼宇局确认建筑达到了规划要求和建筑规范条例，就会签发建筑许可，同意开始建造。因此，纽约市楼宇局对规划条例的执行和解释负有主要责任。

滨水区规划政策

1992 年，纽约开始对滨水区施行特别规划条例，称为综合滨水计划（CWP）（纽约市城市规划局，1992）。在此之前，滨水地块与内陆使用同一套规范。1992 年的综合滨水计划由城市规划局基于联邦 1972 年的沿海地区管理（CZM）法案提出，并同时确立了振兴纽约市滨水区项目（WRP）。这是第一套为这个城市 578 英里（约 930.20 千米）长的海岸线制定的规范，意识到了后者作为自然资源的价值。综合滨水计划致力于平衡环境保护的需要和公众对公共空间的需求（如空地、住房和商业活动），体现了长远的眼光（纽约市城市规划局，1992；Salkin，2005）。

1993 年，滨水区规划被采用，其中最新颖的部分是公众使用权。回顾过去，在纽约，公众使用权在高密度地区很受欢迎，而在低密度的市郊却并非如此。例如，它在曼哈顿与布鲁克林区、皇后区和布朗克斯区的繁华地段是很流行的，但是在史坦顿岛和上述后三个区的非繁华地段就不那么常见了。包括滨水区在内的低密度地区的公众使用权被反对的主要原因是对公众进入私人领地的不安。很多公共区域成为年轻人聚会的场所，这让周围居民感到不舒服。纽约市低密度区域的公众使用权计划也因此搁浅。

现在，特别滨水区规范只适用于住宅和商业建筑，而不能用于工厂和制造业。在 1992 年第一次综合滨水计划之后，滨水区规范在 2009 年又进行了修订。对公共区域的设计这方面得到了深化。这些新的设计包括对临水护栏的要求和为了更加自然的海岸线而取消扶手等。

纽约市规划中的洪灾风险

滨水区在防洪中扮演着重要角色。而在 1992 年的综合滨水计划中，防洪这一话题只被简单带过。该计划阐述了滨水区的自然价值和湿地等其他自然缓冲带的重建需求（纽约市城市规划局，1992）。因此，综合滨水计划最初将防洪措施作为保护自然海岸线、湿地和海滩的途径（Salkin，

2005）。例如在 2005 年，综合滨水计划特别提到沿海沙滩的海岸侵蚀问题，并提出了一系列建设建议，如海滩养护和海岸沙丘原的建造。该计划同时提议纽约州环保局（DEC）在内陆设立海岸侵蚀灾害线。

联邦级别的防洪计划始于沿海地区管理行动（1990）。这项行动呼吁各州落实沿海地区管理计划，并为州和地方在沿海的规划提供支持。行动提出海平面上升作为一个要素应被纳入各州的气候应对计划中。在纽约州，美国国务院通过地方滨水区复兴计划来进行监督和管理，纽约州也凭此制订属于自己的计划。纽约市城市规划局便是负责这些的，它和其他机构一起研究对应气候变化的方案，如已发布的《2020 年愿景》。

城市有责任管理好其境内的土地使用问题，而州则需要规划滩涂湿地和相邻区域。纽约州环保局负责管理这些区域建筑和土地的改造，其范围是平均高水位向内陆最多延伸 150 英尺（45.72米）（Sussman 和 Major，2010）。由此可知州和联邦法规与纽约市的规划政策间的衔接是一个复杂的问题，特别是在应对气候变化和防洪上，这类问题往往涉及三个层级。1992 年，在州和联邦层级进行讨论，制定了 50 条独立法规来指导沿海区域的发展，例如联邦洪灾防治法案、濒危物种法案、各州的环境保护法和航海法。而如今，纽约市所有规划修正案和法案必须由国家环境质量审查法（SEQRA）和城市环境质量审查法（CEQR）进行评估（纽约市城市规划局，2010b）。气候应对在目前的滨水区规划中还未被特别提及。

国家洪灾保险计划和纽约市规划的关系 1992 年的综合滨水计划认为防洪和应对气候变化是联邦政府的责任，因此没有制定特别的滨水区规范，而由联邦紧急事件管理局管理的国家洪灾保险计划和纽约市的规划也没有什么更深的联系。正如之前解释过的，国家洪灾保险计划需要一套最低要求规范来运行洪灾保险，而纽约市规划负责这些最低要求规范。

现行的规划政策并不与国家洪灾保险计划相协调，也没有同联邦紧急事件管理局合作。一个主要的矛盾是国家洪灾保险计划主要是为赔偿住宅建筑而诞生的，对非住宅建筑的资金投入非常有限，同时对洪泛平原上关键的基础设施建设也没有什么约束。相对来说，规划政策适用于所有用途的建筑，包括基础设施。国家洪灾保险计划只能够通过社区评估机制来鼓励地方政府和规划政策限制洪泛平原基础设施的建设，但这些并不是强制性的（Galloway 等，2006）。

规划控制："限高" 在一些情况下，纽约市的规划和国家洪灾保险计划想要达到的防洪目的是背道而驰的。一个明显的例子就是关于"区域建筑的高度限定"。国家洪灾保险计划要求新建筑必须至少抬高它们的地面层至基础洪水水位。能否达到这一要求与是否能够拿到保险费用的折扣相关联，甚至业主或公司会为了更低的折扣而将建筑抬升至最低标准之上。

在纽约市规划中，建筑高度是由地面层高度和 1/100 洪水区水位中更高的那个决定的。自发抬高的新建筑会因为它们的总高度超出标准而受到罚款。例如，如果规划规定滨水的建筑限高为 60 英尺（约 18.29 米），而 1/100 洪水区的水位高度是 10 英尺（约 3.05 米），那么实际允许的建筑高度就是 70 英尺（约 21.34 米）。建筑会因为在此基础上再抬高 10 英尺（约 3.05 米）而获得保险折扣，但因为限高是 70 英尺（约 21.34 米），所以一旦这样做了，就会因为多出的 10 英尺（约 3.05 米）而受到处罚（Sussman 和 Major，2010）。另外，处罚并不只涉及建筑高度，还有容积率，因为建筑面积是从基础洪水水位以上算起的（至少在滨水区、低密度区和基于环境的规划区）。

规范控制：约束 另一个问题是规划政策的约束。它可以被用来禁止洪水区某些类型用地的建设。这样的约束在目前的纽约市规划中并不存在。国家洪灾保险计划有很多条款来限制或最小化新建筑在洪水高危区的建造：（1）平均潮水线近海的那一侧禁止建造新的建筑；（2）地方政府必须禁止对泄洪道任何形式的侵占，以防洪水水位升高。在这一点上要注意泄洪道和洪泛平原的区别：洪泛平原是河流和水渠旁边的低洼地区，在自然状态下，洪泛平原积蓄并消耗洪水的过程并不会对人类、房屋、道路和其他基础设施造成威胁（纽约州环保局，2010）。特殊洪水区是洪泛平原的一部分，可用于城市化发展，但是当洪泛平原特指特殊洪水区时，联邦紧急事件管理局就需要对它的发展加以干涉。泄洪道是河流的河道和周边区域的合称，必须被保留，以保证洪水正常泄水，防止水位升高（纽约州环保局，2010）。对泄洪道的管理比特殊受灾区要严格很多，除非开发商能够证明施工不会在洪水期间造成任何洪水水位上涨，不然一切建设都是禁止的。研究显示，在美国这些约束并没有制止泄洪道的建设，主要基于以下原因：（1）很多洪泛平原图没有标出郊区的泄洪道；（2）可以通过泄洪道的改道（如通过疏导）来解禁洪水区的建设（Wetmore 等，2006）。

空地保留 洪泛平原（如 1/100 特殊受灾区）的空地比例是决定潜在洪水灾害的一个重要因素：建筑占地面积越大，可能遭受的损失就越大。纽约市规划中空地的定义是"住宅地块的一部分（可包括庭院和球场）"，从其最低处至天空之间除了一些被允许的设施之外没有任何障碍，该地块所有的住户都能够进入并使用。根据地区的不同，要求的空地数量由空地率、最小庭院规范或最大建筑覆盖率决定（见附录 A）。

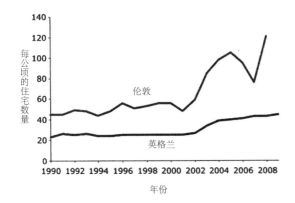

图 4.1 英国城市每公顷的住宅数量（1990—2008）。
来源：英国环境、食品和农村事务部（2010）

很明显 1/100 洪水区的建筑数量正在不断上升，虽然很难计算实际的增长率（Wetmore 等，2006）。这并不是美国和纽约市独有的问题。在其他城市，如英国伦敦，也有相似的趋势（图 4.1）。在伦敦，居住建筑的密度从 1990 年的 45 座每公顷上升至了 2002 年的 59 座每公顷，又在 2005 年和 2008 年分别升至 105 座每公顷和 121 座每公顷（英国环境、食品和农村事务部，2010）。类似的例子还有东京，对高密度建筑的需求超过了容积率的规定限制（Hori，2004）。在荷兰，潜在的洪灾损失也在过去 50 年上升了 6 ~ 7 倍，这都是高危区的新建筑造成的（Klijn 等，2007）。

有很多控制一个地块空地比例的分区规划规范，由此可控制潜在的洪水损失。其中最重要的体积规定是空地率。空地率是一个住宅地块要求的空地面积（以平方英尺为单位）与建筑的总占地面积的百分比。例如，一座占地面积 20 000 平方英尺（约 1858.06 平方米）的建筑空地率为 20%，则要求有 4000 平方英尺（约 1371.61 平方米）的空地（0.20×20 000）。在一些地区，空地率由最大建筑覆盖率决定。

密度控制是用来控制城市建设密度和规划新建学校、公共建筑和扩展建筑的规范。人口密度由一定大小（单位为平方英尺）的地块内的住宅数来决定。另一个很重要的控制因素是容积率，纽约市规定 18 类建筑用途的容积率。对于住宅区来说，住宅单元系数被用于决定一个地块的最大住宅单元数量，由地块所允许的最大住宅面积除以各区的系数。系数数值越高，地块允许的最大单元数就越小。

湿地和开阔水域 分析国际上滨水区发展的例子，不难看出自然价值越来越受到重视（Hill，2009）。除了湿地，绿化带和空地等都被认为具有如下作用：（1）为滨水区增加了自然价值；（2）为城市提供了缓冲带。这些自然环境地块在城市化发展下备受压力，Gornitz 等人（2001）的研究显示自 1900 年以来，牙买加海湾盐沼大约 50% 的面积已经消失，而保护这些城市缓冲带是十分重要的。1972 年开始恶化的环境是由很多人为灾难导致的，如垃圾填埋、清淤和城市化，海平面上升和沿海侵蚀会加大洪水管理的困难。

滨水区发展规范中强调了环境价值可以帮助恢复滨水区的生态功能。因此现在纽约市普遍会在滨水区规划中加入绿化带和其他自然环境地块。例如规范鼓励在停车场加入绿化以减少水土流失和暴雨带来的风险。规划推荐在低密度区域的前方加强绿化，最好占土地的 50%。另外对绿化屋顶还有补助金。

不过，很多诸如湿地重建或绿化带的沿海管理项目也会要求开放开阔水域。将建筑延伸至水面来创造额外的自然价值，对纽约市来说是一个复杂的问题。目前纽约市的规划禁止任何形式的开阔水域上的建设。这无疑限制了环境优化。这条规定也许会妨碍营造有吸引力的滨水区和与之相称的环境。

建造相当于防洪堤的滨水区 在东京兴起的防洪堤式滨水区这一创想还从未在纽约市实践过。从我们与专家的讨论中得出，这项计划需要巨大资金，显得不切实际。另外，还需要抬高滨水区以防堤坝阻碍滨水区的通行或妨碍其他用途。将滨水区设计成堤坝是不切实际的，例如，在科尼岛的滨水重建项目中抬高了整个区域，然而很多区块到现在都空着，最近才开始重建。因为大部分处于 1/100 洪水水位之下，这个地区属于洪水高危区。重建的部分靠近海滩，现在的高度低于木质散步道，容易受洪水侵袭。这些区域不久前更改了规划属性，目的是创造更多的店铺、住宅和商业活动。作为这个项目的一部分，既有的街道和地下设施会被完全重建，并在重建的过程中被抬升至洪水水位之上。因此，所有该地块的新建建筑都会高于洪水水位。问题在于连接新的（抬高的）街道和旁边街区的街道，前者需要造坡来与后者相接。这就会导致街道阻挡住宅入口的问题。一个解决方案是同时抬升周边地块，但是这种破坏式的建造会十分昂贵，因为它同时需要暂时迁移上千住户。

改善建议

国家洪灾保险计划和纽约市规划的关系 滨水区的规范比内陆要多得多，同时其多功能的特性给设计带来了很大困难。因此，如何更好地整合现有规范比新增规划规范显得更加重要。一种比较可靠的方法是想办法让联邦紧急事件管理局、纽约市楼宇局和城市规划局更好地合作，以保证所有条例都能得到很好的施行。纽约市可以参考法国的规划系统，后者与洪灾保险系统是紧密结合的（Poussin 等，2010）。在法国，信用系统与规划和防洪措施相结合，可以带来洪灾保险费的减免。这样的结合也会使纽约受益。另外，更好的合作会促进国家洪灾保险计划、纽约规划与建筑信息库之间的信息交流，使得防洪措施更加有效。

区域规划条例中的洪灾保险评估地图　提升联邦紧急事件管理局和纽约市规划部门合作的一个重要步骤是将未来洪灾风险地图纳入规划之中。地图由联邦紧急事件管理局绘制，再由纽约市城市规划局引入数据库。每一项新的建设和重建计划都能够参考未来 1/100 洪灾地图，而目前国家洪灾保险计划的基础洪水水位也可以在未来的受灾区实施。对于纽约市城市规划局来说，只有现在的洪灾信息无法出台最有效的举措。不过，要想在未来洪水区施行新的规范需要一个政治审核过程，也需要规划上的相应改变。此外，未来洪灾地图的诞生，对于联邦紧急事件管理局来说是个不小的挑战。

基础设施　纽约市基础设施与洪灾风险的关系是个很复杂的问题，很多关键的城市基础设施，如隧道、铁路、通风口和地铁都位于联邦紧急事件管理局规定的洪水区之内（见第二章）。不过，虽然基础设施的损害很大程度上决定了潜在洪水损失，国家洪灾保险计划却没有过多提及（Jacob 等，2000；Jacob 等，2001；Zimmerman 和 Faris，2010）。

区域规划条例和建筑规范应该更详细地研究基础设施所面临的洪灾风险。Zimmerman 和 Faris（2010）表示，要做到这点可能很困难，因为政府机构不会正式参与基础设施的筹划。不过参与规划的机构和交通机构之间的合作还是有提升空间的，例如如何保证隧道入口和通风口受到保护（纽约州，2010）（图 4.2）。此外，国家洪灾保险计划对于关键性基础建设的限制并非强制性的。双方可以共同制定条款来定义哪些是"关键"基础设施。

大都会运输署列出了一些气候应对面临的挑战，特别是洪灾风险上的关键之处，其中着重指出了地铁车站和隧道这些位于洪水水位之下的设施的弱抗洪性（大都会运输署，2009）。在一项研究中，他们建议将大都会运输署与纽约市的紧急疏散项目更好地结合。其他改善方法包括对洪水区中已建和计划要建的设施进行审查，还有对大都会运输署的保险项目进行重新评估（大都会运输署，2009）。此外，对 2007 年强降雨的评估概述了对一些地区需要进行的调整，调整方法包括抬升设施、增加排水系统和堤坝（大都会运输署，2007）。

举一个关于法国保险公司和规划局的例子，巴黎市正致力于制订一项洪水防治计划（PPRI，

图 4.2 大都会运输署委托在皇后区的牙买加（Jamaica，译者注：这里是皇后区的一片区域，不是指国家牙买加）制作的这些高于洪水水位的排风口。来源：大都会运输署

Direction de L'Urbanisme, 2003）。除了防洪减灾措施以外，该计划也着重于运输管道网（通风、水、电、煤气和电信）和其他易受灾的建筑，如医院和博物馆。该计划描述了怎样加强以上设施的抗洪性能。对于这些关键设施来说，需要更高标准的抬升措施，或为那些处于 1/100 洪水水位之下的设施预先做好密封防护工作。

取消建筑限高处罚 规划可以对洪水区的建筑施行稍宽松的政策，允许其建造净空空间（这意味着通过高于基础洪水水位标准来获得保险折扣）。就像没有加高的建筑一样，这些被抬高的建筑同样是建筑限高的管制对象（Sussman 和 Major，2010）。因此，一种合理的方法就是取消建筑限高处罚。这需要修正规划案，会经过一个公众审核过程。大众也许会对允许滨水区建造更高的建筑这点产生怀疑。修正案是否通过最后由城市规划委员会和城市议会来决定。

既有建筑 退线、重置和抬高高危区的既有建筑确实是一种选择，但在现实中并不那么实际（Sussman 和 Major，2010）。过去的分析显示，激进的规划改革也不是没发生过。例如，1961 年，纽约市进行了彻底的重新规划分区，期间很多滨水的低洼区被划为制造业区，即使有人仍然住在这些区域。根据 1961 年的规划政策，位于制造业区的住宅不允许扩建或改造，但允许居民居住在这里。不过，1961 年的再规划让很多人最终搬离了这些区域。因此，一个限制高危地区发展的办法就是限制其中的房屋进行扩建，并且不允许新的商业建筑或商业投资。显然，这样的政策会备受争议[11]，且限制扩建和投资的条款可能会引发法律和规划问题。另外，完全禁止投资的规定在美国很可能是违法的，因为最高法院的相关规定是监管机构不能无偿地剥夺业主利用他们的地产进行经济盈利的权利（美国最高法院，1992，No. 91-453）。而不完全禁止投资的法规也许会对增强防洪性这一目标起到反作用。

在巴黎，对既有建筑的法规相对严格，均收录在洪水防治计划中。这项计划使用的洪水分区图类似于联邦紧急事件管理局的洪灾地图。巴黎用 1910 年的洪水作为参考，划定了 1/100 洪水区（图 4.3）。洪水区中包含了绿化区，用作公园、操场等公共空间。这些区域对暂储洪水来说是很重要的。红色区域指位于或接近泄洪道，只能用于与水有关的功能（如航海设施），规范也更为严格。淡蓝色洪水区指最高洪水位不超过 3 英尺（约 0.91 米），而深蓝色洪水区的水位则超过 3 英尺（约 0.91 米）。在以上两个区内，新建建筑必须高于 1/100 洪水水位。蓝色区中的阴影区指地面高度超过 PHEC（Plus Hautes Eaux Connues，自 1910 年洪水以来的最高已知水位）。对 PHEC 之上的既有建筑，业主需要装设防洪电话、配电盘、供暖及瓦斯系统。另外还有对存储有害材料的规定。如果这些防灾措施在洪水防治计划被地方政府通过后 5 年之内得不到实施，所有洪灾损失都由业主自己承担。

巴黎范例中已经制定出的对既有建筑的防灾政策可以成为纽约市的参考。虽然很难要求既有建筑进行加高，但对电力、供暖和煤气系统的保护还是可以实现的。这些要求可以使用在准备翻新的建筑上（见第五章）。

通过控制空地空间来减少建筑占地面积 新建或复兴滨水区被视为建设绿色环境的好机会，同时还能为城市增添生气。这一观点也鼓励探究滨水区空地面积增加的可能性。Sussman 和 Major（2010）提出：这样的空间常被用来刺激纽约市建设更多的公园。空地率是必须被用于空地的空间与建筑占地面积的百分比。举例来说，在一个空地率为 19% 的地块，要求的空地空间就为总占地面积的 19%，空地由庭院规范或最大建筑覆盖率决定。

密度控制和空地规范是控制人口和建筑占地面积的强大工具。在探究规划控制对洪灾风险管理的潜在作用时，会发现改变容积率会对人口密度（即洪水区人口数）产生影响，而空地率和建

---

11 1961 规范的分析讨论可参考 Marcus（1992），Angotti 和 Hanhardt（2001）。

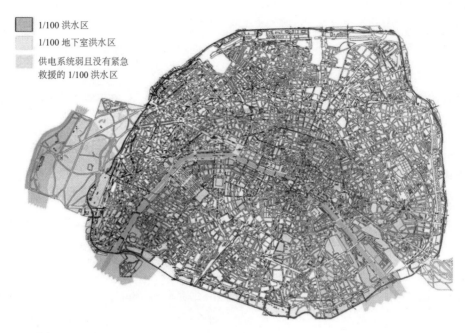

1/100 洪水区

1/100 地下室洪水区

供电系统弱且没有紧急
救援的 1/100 洪水区

图 4.3 巴黎的洪水区。巴黎使用 1910 年的洪水作为 1/100 洪灾地图的参考。来源：Ville de Paris, EDF-GDF Services（2010）（可见文前彩图）

筑覆盖率对建筑受灾有直接影响。图 4.4 展示了如何结合空地率和容积率来进行地块空地空间的管控。

降低容积率是很困难的，因为 1/100 洪水区的很多住宅都是单户或双户住宅。困难在于既有建筑被洪水摧毁，在重建时会使用新的容积率。城市应该制定新的规范使业主能够在灾害发生后重建这些建筑，新的规范会牵涉很多方面，如地产价格、贷款和保险。降低密度会切实降低未来洪水受灾人口数，但是只在地块没有被大力开发的情况下，而这种情况在纽约市并不存在。降低规定密度会阻碍对应对措施的投资，如抬升建筑和干湿式防洪。用一幢防洪的 6 层建筑来代替 2 层的非防洪建筑也能达到气候应对的目的。

通过可交易面积和容积率奖励来降低都市密度 规划不是保护自然和空地空间的唯一方法，例如，社区数量日益增长的日本东京正在使用一种市场导向的保护手段，叫作开发权转让或 TDRs（Masahiko 和 Nohiriro，2003）。地方机构为开发权转让项目做担保，利用市场来补偿发展

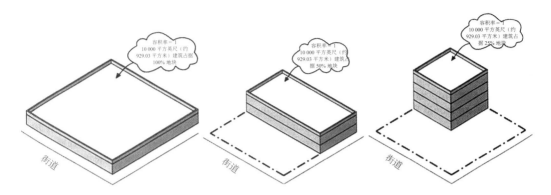

图 4.4 举例 10 000 平方英尺（约 929.03 平方米）的建筑占据 100%、50% 或 25% 的地块面积，容积率保持不变。来源：纽约市城市规划局（2010a）

密度和选址造成的损失。在东京，政府想要保护的低密度区域的土地所有人会因为他们在"转出区"中所自愿接受的发展限制而得到在"接收区"中的补偿，但是这只在他们参与"转出区"保护的情况下。东京的法规允许"转出区"的潜在建筑面积转移到"接收区"。建筑面积可以在所有人之间相互转让。本来，这种机制只适用于新建建筑，但是 1999 年提出的建筑规范修正案使既有建筑的转让也得以实现。

开发权转让项目并不总是成功的。一旦开发权转让超过支付能力范围，开发商便不会买单，因为这样一来选择开发权转让就不如选择基线划算了。虽然开发权转让看起来十分有潜力，但是事实上很少有社区能够真正成功，这涉及很多相关问题。此外，开发权转让项目不能为规划减轻负担，操作起来还十分复杂。社区也许不会支持开发权转让项目，这样地方机构就需要在社区教育工作上花费人力、物力。最后，虽然开发权转让的永久性是其优势，但同时也是不利因素，因为社区的土地使用需求是随时间不断变化的。

在纽约市，地块相邻的情况下，密度可以在高危滨水区和较安全的内陆区之间转移。现在还没有机制能够在不相邻的地块间进行密度转移。这样做的问题是没人可以肯定哪些地块会增加密度，而原则上没有社区愿意增加密度。纽约法院已经规定开发权不能自由转移［Fred F. French case, NY Court of Appeals; Fred F. French Investing Co. v. City of New York, 39 N.Y.2d 587, 350 N.E.2d 381,385 N.Y.S.2d 5(1976), appeal dismissed, 429 U.S.990(1976)］。

一个例子很好地展示了开发权转让是如何运作的，那就是纽约市中央车站上方高层的建造

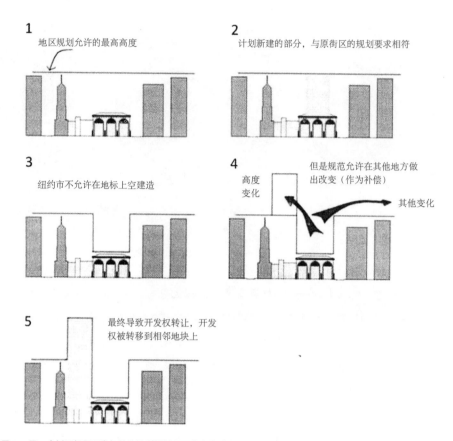

图 4.5 用一个例子解释开发权转让是怎样被用于中央车站上面的高层建筑建设的。来源：Hanly-Forde 等
（2010）

（图 4.5）（Hanly-Forde 等，2010）。中央车站于 1913 年建成，是城市的地标建筑之一。在 20
世纪 60 年代后期，宾州中央铁路公司希望在受保护的地标上建造一座 53 层高楼。市政府觉得扩
建的部分会破坏车站的风貌，因此允许宾州中央铁路公司将开发权转移到相邻地块上。确实有一
些建筑得以在地标上建造（如纽约宫酒店），这需要适当性许可，而要取得这种许可并不简单。

　　滨水区发展和开阔水域的限制　如前文所述，纽约州不允许在滨水区将任何形式的开发项目
延伸至开阔水域。很显然，过去制定这种政策的原因是湿地保护、鱼类栖息地受到威胁、环境价
值因城市发展和海岸侵蚀而受损等。另一方面，地方机构希望加强滨水区的经济活动，因此就需

要增加它对住宅和商业的吸引力。过去，这两个方面导致了保护环境和刺激经济往往是相矛盾的。

　　滨水区发展其实有机会同时做到以上两方面，外加防止洪水侵袭。以 1992 年的综合滨水计划为契机，州政府和地方机构正致力于加强滨水区的环境建设，如弱化边界与建造过渡带（Nordenson 等，2010）。从这个角度来说，加强滨水区绿化（Hudson Raritan Estuary Study，美国陆军工程兵部队，2009）和区域规划是有交集的。气候变化和海平面上升问题给滨水区的建设增加了额外负担，目标是建设抗洪性更强的滨水区。一个可行的办法是将湿地和空地作为滨水区的缓冲带。

　　如此多功能用途的土地建设需要模糊的水陆分界，这需要靠新的规划条例和城市设计来实现。举例来说，大部分环境价值在于创造陆地与水域之间的"渐变"。这意味着在一些情况下，水陆界线需要向陆地侧移动，而另一些情况下，则需要向海洋侧移动来弥补城市面积的损失。其中一种补偿水域面积损失的方法是在其他地方建造自然保护区，以鹿特丹港的海面扩建为例（见第六章）。通过制造缓冲带（湿地、海滩），城市的滨水区可以在不破坏环境（甚至优化环境）的情况下受到更好的保护。因此，这意味着使用开阔水域作为环境缓冲，并以一种环境价值（开阔水域）来交换另一种环境价值（湿地）。显然，决定对水域进行多少补偿是一件困难的事，这一过程需要多方利益相关者（从地方到联邦）的参与（Pahl-Wostl 等，2007）。在荷兰，环境补偿是否足够，以及开阔水域的使用是否符合国家社会及经济利益是一个政治议题。

　　不那么清晰的水陆界线同时刺激了两方的环境建设（Bain 等，2007），并加强了洪水防护。图 4.6 中的例子是布鲁克林滨水区的意向图和阿姆斯特丹的滨水区实景，后者是由一个废弃港口改造的住宅区。Sussman 和 Major（2010）指出，开阔水域的改造和潮间带湿地应当被调查评估，以确定这些行为是否有助于应对气候变化。很多诸如此类的改造都需要慎重的决定和对气候变化影响的考虑，包括基础设施的加固。另一种具有前瞻性的观点是基于环境保护的洪水防治，源于 MOMA 的 "Rising Currents" 项目（图 4.7，详见 http://www.moma.org/risingcurrents；MOMA，2010）。

　　总的来说，若要在滨水建设中使用开阔水域，应先选择那些防洪措施也能同时实施的地区，这样地方政府和联邦的政策就有了共同目标。这一观点得到了 Salkin（2005）的支持，他在研究中提出：沿海地区保护项目应该与地方滨水区复兴计划相结合。社区对滨水自然环境保护与防灾相结合的支持始于《2020 年愿景》启动的区际讨论会。在讨论会期间，利益相关方意识到了滨水建设的主要问题和不同途径的优先顺序。在皇后区，有提议增强应对气候变化的能力并评估迁移措施（如在牙买加海湾）。在史坦顿岛，防止海岸侵蚀和气候变化带来的负面影响作为议题被提出，解决方法有改进堤岸和湿地（如范库尔水道地区）。相似的问题还有史坦顿岛南岸，有建议提出

图 4.6 有阿姆斯特丹风格的住宅区的布鲁克林西南区效果图。来源：NArchitects（2010）（上）
爪哇岛阿姆斯特丹：原为港口，现被重建为住宅区（荷兰阿姆斯特丹）（下）

应让业主更好地了解审核过程和它对海岸侵蚀的作用，并提供资金帮助抵御侵蚀（南岸）。另外
也有人提议滨水区发展应保留诸如足球场、棒球场之类的空地，并保护自然海岸线的原貌，让其
起到洪水缓冲区的作用。这些办法都需要规划政策做出修订，如此才能鼓励应用新技术，如绿色
屋顶。

图 4.7 未来曼哈顿，受生态缓冲区保护不受洪水侵袭。来源：dlandstudio LLC 和建筑研究办公室；
MOMA（2010）（上）
香港清水湾住宅大楼前的湿地公园。来源：www.hypsos.com（下）（可见文前彩图）

第五章

纽约市防洪建筑规范

简介

为了控制自然灾害风险，美国的州政府制定了州建筑规范和规划。州政府命令其地方政府落实这些规范，并为应对气候变化制订全面的城市建设计划。Burby（2006）调查了州政府关于临大西洋、海湾和太平洋等州实施建筑规范和规划的要求，并将这些要求与这些州 1978—2002 年支付的国家洪灾保险计划赔偿金联系起来。结果表明，建筑规范越严苛，受灾损失就越少。研究结果可以参考表 5.1，可以看出美国各州的规范不太一样。有 6 个州既不要求实施建筑规范，也没有对考虑自然灾害风险的城市建设规划做出规定，而有 3 个州，包括纽约，要求其地方政府推行建筑规范，但对综合规划没有具体要求。大部分州要求实施综合规划，而不要求实施建筑规范，或对两者都有要求（10 个州）。表格的最后一栏列出了国家洪灾保险计划在 1978—2002 年的赔偿支出。在不要求实施建筑规范和规划的州，人均支出比要求实施建筑规范和规划的州普遍要高299 美元。

另一个体现建筑规范效用的例子是 Kunreuther 等人（2009）研究的纽约州通过建筑规范可以减少多少飓风损失。这项研究用灾害模型估算了如果所有房屋和建筑都达到现有建筑规范要求可以减少多少受灾支出。虽然这是个不太切实际的假设，因为要做到这点需要大量花费，让所有旧建筑达标几乎是不可能完成的事。但是，研究结果给出了可通过建筑规范取得的最大收益。据Kunreuther 等人（2009）分析，在纽约州，1/100 洪水区可减少 39% 的灾害损失，1/250 洪水区可减少 37% 的灾害损失，1/500 洪水区可减少 35% 的灾害损失。这项分析表明了防飓风建筑的潜在收益十分可观。

从表 5.1 中可以看出，纽约州的灾害防治相比其他州来说是相对成功的。Kunreuther 等人

表 5.1 不同州对地方政府实施建筑规范和城市综合规划的要求，以及与大西洋、海湾、太平洋相邻的州平均每人得到的国家洪灾保险计划赔偿费（1978—2002）

州政府要求	州	平均每人所得赔偿额
不要求实施建筑规范和综合规划	亚拉巴马、路易斯安那、密西西比、新罕布什尔、宾夕法尼亚、得克萨斯	299 美元
要求实施建筑规范，但不要求综合规划	康涅狄格、纽约、新泽西	79 美元
要求综合规划，但不要求实施建筑规范	特拉华、佐治亚、夏威夷、缅因、南卡罗来纳	137 美元
同时要求实施建筑规范和综合规划	阿拉斯加、加利福尼亚、佛罗里达、马里兰、马萨诸塞、北卡罗来纳、俄勒冈、罗得岛、弗吉尼亚、华盛顿	99 美元

来源：Burby（2006）。

（2009）的分析显示大部分飓风灾害损失的避免要归功于现行的建筑规范被大面积落实这一事实。鉴于灾害风险在不断上升，未来的纽约也许会需要更加严苛的建筑规范。下文将评估目前与防洪相关的建筑规范，然后分析未来的挑战，最后做出合理建议。

纽约市现行的与防洪相关的建筑规范

纽约市楼宇局提出的建筑规范需要市议会来决定是否采纳。楼宇局接受符合建筑规范和规划条例的申请，在审核确认后发放官方许可。在审核的过程中，调查员会被派往实地查看。纽约市的最低建筑规范要求由联邦紧急事件管理局制定（见第三章），因为纽约市自 1983 年以来就一直参与国家洪灾保险计划。

国家洪灾保险计划的规则相对不变，在过去的几十年内基本没有更新。在美国，国际建筑规范（尽管它主要被除美国以外的国家所采用）由专家审核，每三年更新一次[12]。这些规范参考

---

12 详见 www.iccsafe.

《美国土木工程师学会防洪设计和建造24条例》（美国土木工程师学会，2005）。该准则在纽约市楼宇局（2008）的修正案中被广泛采用（见纽约市建筑规范附录G"防洪建设"）。这些修正案已由联邦紧急事件管理局审核确定是否符合其洪灾条例[13]并被纳入文件中（纽约市楼宇局，2008）：

①在洪水期间避免对商业、通道、公共服务进行不必要的干扰；

②管理自然洪泛平原、溪流和海岸线；

③管理填埋、找坡、挖掘和其他可能造成洪灾损失或侵蚀的建造行为；

④避免并规范洪水障碍物的建造，后者可能导致洪水水流的转移并造成更大损失；

⑤提高洪泛平原的建造技术；

⑥遵守并超过联邦紧急事件管理局的建筑标准。

建筑规范适用于新建建筑和结构的翻新，后者的定义是翻新价格超过建筑市场价值的50%。规范同样适用于在洪灾中受损且修复价格超过市场价格50%的建筑。规范只针对住宅区、商业区和体育场馆，而不包括公共基础设施，如纽约市的地铁。

联邦紧急事件管理局的洪灾保险评估地图是建筑规范重要的一部分。1/100洪水区的主要组成部分是A类区和V类区。在沿海的V类区，建筑规范必须考虑洪水流速，而对A类区则没有此要求。两区的建筑都需要依照联邦紧急事件管理局的设计洪水水位被抬升。纽约市附加的防洪建筑规范包括三部分：（1）建筑高于基础洪水水位；（2）干湿式防洪；（3）对每个洪水区四类建筑的要求。湿式防洪需要使用在洪水涌入建筑物时，能够使洪灾损失降到最低的建造方式，而干式防洪的目标是防止洪水进入建筑物。详细的规则会根据A类区和V类区的不同而不同。表5.2列出了不同建筑规范要求的结构分类。I类建筑代表即使坍塌也不会对人的生命构成太大威胁的建筑；II类建筑主要包括住宅；III类建筑表示坍塌时会威胁人的生命的建筑；IV类建筑为基础设施。下面会讨论A类和V类区的主要建筑规范。

13　要建造一座建筑，你需要遵守美国土木工程师学会24条例和美国土木工程师学会7条例。可以参看联邦紧急事件管理局洪灾保险率图和联邦紧急事件管理局的指导手册《如何建造住宅》（如旅行房车）。

表 5.2 纽约市防洪建筑的结构分类

性质	建筑分类
在崩塌情况下不会对人的生命造成危害的建筑和其他建造物： ①农业设施； ②部分临时设施； ③小型仓库设施	I
除 SOC I、III、IV 类之外的建筑和其他建造物	II
在崩塌情况下会对人的生命造成危害的建筑和其他建造物： ①超过 300 人聚集的建筑物； ②人数超过 250 人的小学、中学和幼儿园设施； ③人数超过 500 人的大学和成人教育设施； ④病人人数超过 50 人的医疗健康设施，无急诊设备； ⑤监狱和拘留设施； ⑥发电站、自来水厂、废水处理站、SOC IV 中不包括的其他公共设施； ⑦ SOC IV 中不包括的拥有有毒或易燃物品的建筑	III
重要基础设施： ①医院和其他医疗健康设施，备有急诊、手术设备； ②消防队、救援队、警察局和应急车库； ③地震、飓风和其他避难所； ④应对紧急情况的紧急储备、通信和运行中心； ⑤发电站和其他应对紧急事件的公共设施； ⑥拥有有毒物质超过规定数量的设施［参考纽约市建筑规范表格 307.7（2）］； ⑦航空指挥塔、航空管制中心和其他应急机库； ⑧国家防御机构； ⑨用于消除火灾、维持水压的水处理设备	IV

来源：纽约市楼宇局（2008）。

A 类区建筑要求 A 类区的结构必须能够抵抗流体动力、静力和浮力造成的漂浮、崩塌和侧向力。在 A 类区，低洼处的建筑（除仓库、停车场、建筑通道和供电、水管通道以外）需要被抬升。表 5.3 列出了对每个类别建筑底层的最低高度要求。I 类和 II 类建筑的设计洪水水位和 1/100 洪水区的基础洪水水位相同，III 类和 IV 类建筑则要高出 1 ~ 2 英尺（约 0.30 ~ 0.61 米）。在设计洪水水位之下，所有类别的建筑必须具备湿式防洪功能。只有具备抗洪性能的材料和建筑方法才能被用在这些建筑上，如水泥、砖墙、防水电路、防水木材等。设备必须被放置在设计洪水水位之上，

表 5.3 A 类区中相对设计洪水水位，建筑底层最低高度

建筑分类	底层的最低高度
I	设计洪水水位 = 基础洪水水位
II	设计洪水水位 = 基础洪水水位
III	设计洪水水位 = 基础洪水水位 +1 英尺（约 0.30 米）
IV	设计洪水水位 = 基础洪水水位 +2 英尺（约 0.61 米）

来源：纽约市楼宇局（2008）。

或被防洪措施保护起来。建筑内部应保证水流流动以平衡流体压力，防止建筑崩塌。这也方便之后通过出入口为建筑排水。

　　除了湿式防洪，干式防洪适用所有建筑类型的某些情况，但是住宅是不允许使用干式防洪的[14]。干式防洪包含了一系列对设计洪水水位之下建筑的密封防水设计。设备必须放置在干式防洪结构内，在此之外的设备需位于基础洪水水位之上或是经过密封防水处理。在洪水期间，干式防洪可以使用防洪屏障，后者可以保证建筑的通行（如残疾人可以通行）。干式防洪同时也适用于低层商业建筑。如果该商业建筑是经过干式防洪处理的，那么它位于基础洪水水位下的净空空间可被允许使用。从我们和纽约市楼宇局的讨论中得知，纽约市高层建筑和高危商业建筑会使用人工屏障。因为这些措施十分昂贵，所以只在经济条件允许的情况下才会采用。

　　V 类区的建筑要求 V 类区的建筑规范更为严格，因为它位于沿海，容易受到高速海浪的侵袭。建筑及其地基必须能够抵抗水力和风力共同作用下产生的浮力、崩塌和侧向力。建筑底层要能够允许海浪通过，这点可以通过充分固定的地桩或柱结构来实现。底层（不包括地基）的横向结构需要被抬升至设计洪水水位之上（表 5.4）。对于 I、II 类建筑来说，设计洪水水位等于 1/100 洪水区的基础洪水水位，而对于 III、IV 类建筑，如果基地与海浪方向平行，则设计洪水水位比基

---

14 如果建筑物内含有居住空间，这些空间必须位于设计洪水水位之上。设计洪水水位之下只允许存在一个卫生间或洗手池，禁止放置厨房。

表 5.4 V 类区中相对设计洪水水位，最低横向结构地面的最低高度

建筑分类	取决于海浪方向的结构朝向	
	平行放置	垂直放置
I	设计洪水水位 = 基础洪水水位	设计洪水水位 = 基础洪水水位
II	设计洪水水位 = 基础洪水水位	设计洪水水位 = 基础洪水水位
III	设计洪水水位 = 基础洪水水位 +1 英尺（约 0.30 米）	设计洪水水位 = 基础洪水水位 +2 英尺（约 0.61 米）
IV	设计洪水水位 = 基础洪水水位 +1 英尺（约 0.30 米）	设计洪水水位 = 基础洪水水位 +2 英尺（约 0.61 米）

来源：纽约市楼宇局（2008）。

础洪水水位要高 1 英尺（约 0.30 米），若垂直，则需要高 2 英尺（约 0.61 米）。水位线之下的空间可以用作停车场、仓库、出入口或管道铺设处，要求无障碍物或被分离墙包围。分离墙应被设计成在一定洪水条件下会倒塌，以减少海浪对建筑的损害。在设计洪水水位线之下，只可以使用防洪材料和饰面。如表 5.4 所示，位于设计洪水水位之下的所有建筑都要求湿式防洪。III、IV 类建筑需比基础洪水水位标准高出 1 英尺（约 0.30 米）。表 5.5 说明设备需要被放置在设计洪水水位线之上，或者具有抗海浪及防水的性能。V 类区不允许干式防洪。

美国土木工程师学会关于防洪设计与建造的标准（美国土木工程师学会，2005）并没有被用在纽约市的 II 类建筑上。在修订法案时，虽然也有过争议，但是最后决定 II 类建筑的标准维持不变。美国土木工程师学会标准建议将 II 类建筑高度提升至基础洪水水位标准 1 英尺（约 0.30 米）以上，但是纽约市规范只要求达到基础洪水水位标准，至于抬高只是建议，不做强制规定。纽约州对单户和双户家庭住宅的要求比美国土木工程师学会的要求严格很多，要求高出基础洪水水位标准 2 英尺（约 0.61 米）。但是纽约州建筑规范对纽约市并不适用，因后者有自己的规范条例。

表 5.5　V 类区中相对设计洪水水位，必须使用防洪材料和放置设备的最低高度

建筑分类	取决于海浪方向的结构朝向	
	平行放置	垂直放置
I	设计洪水水位 = 基础洪水水位	设计洪水水位 = 基础洪水水位
II	设计洪水水位 = 基础洪水水位	设计洪水水位 = 基础洪水水位
III	设计洪水水位 = 基础洪水水位 +2 英尺（约 0.61 米）	设计洪水水位 = 基础洪水水位 +3 英尺（约 0.91 米）
IV	设计洪水水位 = 基础洪水水位 +2 英尺（约 0.61 米）	设计洪水水位 = 基础洪水水位 +3 英尺（约 0.91 米）

来源：纽约市楼宇局（2008）。

优点和缺点：未来的挑战

洪灾保险评估地图的准确性　建筑规范的有效程度大多取决于联邦紧急事件管理局的洪灾地图。如第三章所讨论的，这些地图有很多问题，而不准确的地图会导致不够完善的建筑规范。例如，对新建建筑的规范取决于这座建筑是否位于 1/100 洪水区内，而联邦紧急事件管理局洪灾地图中，1/100 洪水区的范围划定是基于过时的信息（Burby，2001）。另外，地图的信息缺失使得建筑规范愈加复杂。在实际操作中，一个地块可能一部分位于洪水区内，而其余部分位于洪水区之外。在这种情况下，调查员需要决定是否对该建筑适用洪水区的建筑规范，这无疑会耗费人力、财力。联邦紧急事件管理局用历史数据来决定 1/100 洪水区的范围，而没有考虑未来洪水风险会改变这一情况。如果洪水风险因气候变化而上升，则基础洪水水位和 1/100 洪水区的范围都会增大，那么目前使用的规范要求就会显得不足。此外，因为被划入的既有建筑不是根据洪水区规范来建造的，所以会加重纽约市未来的洪灾损失。

目前纽约市的建筑条例和新建筑的防洪　纽约市对 1/100 洪水区建筑实行的建筑规范被认为是比较成功的。综合来说，高度要求被证明保护了洪水区的建筑，减少了灾害损失（Jones 等，2006）。在合理的建筑规范之外，证据表明建筑规范的落实对减少灾害来说同样重要。总的来看，

美国的建筑规范落实比例是相对较高的，尽管还有提升空间。Mathis 和 Nicholson（2006）估计约有 63% 的建筑遵从了国家洪灾保险计划的规定。被调查的 1253 座建筑中，有 89% 的建筑底层要高于基础洪水水位标准或差距在 6 英寸（约 0.15 米）范围之内。作者同时进行了 1/100 洪水区记录的验证和实地勘察。据我们所知，目前还有针对纽约市建筑规范落实情况的深度调查。但是从 Mathis 和 Nicholson（2006）的调查结果来看，各区的区别应该不大，我们估计纽约市的落实情况应该与他们得出的结论相差不大。

建筑规范的效力似乎还有很大提升空间，包括讨论加固和抬高地基对海浪产生的影响等方面（Wetmore 等，2006）。从未来洪水风险会随气候变化上升这点来说，这是很有必要的。目前纽约市建筑规范并没有考虑未来灾害风险的上升。规范是根据目前的情况和基础洪水水位制定的，考虑到一些建筑物较长的存在期和抬高既有建筑的困难，这在未来也许会造成麻烦。从这方面来说，纽约市已经在规范制定上落后了，如并不要求包括住宅在内的 II 类建筑达到美国土木工程师学会［基础洪水水位 +1 英尺（约 0.30 米）］和纽约州标准［基础洪水水位 +2 英尺（约 0.61 米）］的高度。

既有建筑和关键基础设施的防洪　如何使既有建筑在防洪性上得到提升和鼓励既有建筑的业主投资防洪设施是目前面临的主要困难。鉴于洪灾风险不断上升，很多没有依据洪灾建筑规范建造的建筑在未来会被洪水侵袭。根据现在的规范要求，只有在既有建筑受到洪水的严重损害后和需要翻新时才会被要求适用洪灾建筑规范。例如，对于有翻新需要的纽约市红钩港口设施，一条总的规则是若翻新费用超过该建筑市场价值的 50%，那么就需要将其作为新建建筑对待。在规则实施过程中，很多人通过多次小额的费用估算来逃避这一规则。结果就是，很多既有建筑的抗洪性能依旧低下。关于既有建筑的一个很实际的问题是它的抬升费用比新建建筑要高（但并不是不可实现的），而将设备放置在更高的地方或针对洪水的室内改造之类的方法较容易实现。

纽约市面对的问题是如何在气候变化中保护关键基础设施。纽约市拥有全世界较密集的基础设施。特别是旧基础设施，不具有抵抗沿海和河流洪水的能力。Zimmerman 和 Faris（2010）提供了一份关于纽约市基础设施的评估，讨论了能源、交通网络、供水、废水、垃圾和通信系统。如表 5.2 所示，其中的一些基础设施属于 IV 类建筑，建筑规范较严格。但是这些要求并没有在既有基础设施上得到落实，这在未来也许会带来问题。纽约市的建筑规范中不包括纽约地铁。很多地铁站都位于洪水高危区（Jacob 等，2001）。公众十分依赖地铁交通系统，它在洪水期间的停运会带来广泛的经济与社会影响。因此，纽约市需要加强地铁的防灾建设。

改善建议

在建筑规范中加入未来的洪灾保险评估地图 第一步是更新现有的洪灾地图,确定洪灾规范是否需要在目前规划外的区域推行。更详细、更准确的地图对于制定建筑规范来说是很重要的。另外,绘制具有前瞻性的洪灾地图也会很有帮助。未来洪灾地图可以预测现行洪灾风险的发展趋势,如 2050 年的风险。这些对设计未来的建筑规范来说都是很有用的信息。此外,它还可以预测今后 1/100 洪水区会如何扩展。可以在未来洪水区实行目前的高度要求。考虑到建筑寿命很长,将未来趋势纳入计划之中会大有裨益。对于城市来说预测未来的洪水区是一项不小的挑战。我们的访谈显示联邦紧急事件管理局不太可能制作未来洪灾地图。因此,纽约市可以与保险业和学术界的专家合作,研究如何绘制这样的地图。

更新纽约市建筑规范和新建建筑的防洪措施 以建筑规范应对上升的洪灾风险有两个措施。第一,可以在洪灾风险地图上将上升的灾害风险与现有规范结合,这已在上文中讨论过。第二,将目前的规范变得更加严苛。根据 Wetmore 等人(2006)所说,制定更加严格的基础规范(特别是在 A 类区)会十分有效。举例来说,现在的 V 类区适用的更严格的基础规范同样可以在 A 类区实行。另外,所有 1/100 洪水区内建筑的最低横向结构都应该像 V 类区规定的那样超过洪水保护线(Wetmore 等,2006)。这样,在一般洪水中,建筑的地面就不会接触到水,这在现行规范下是可以实现的。

此外,在现在的高度要求中加入更多净空空间对纽约市也会很有帮助。例如,目前 II 类建筑并不要求净空空间,尽管美国土木工程师学会标准和纽约州规范建议这样做。鉴于 II 类建筑多为住宅,这会极大提升很多建筑的抗洪性。市议会可以采用联邦规范对 II 类建筑的要求,后者比美国土木工程师学会标准更加严格。使用新规范会在短期内提升建设花费,但是从长期来看,这是省钱的措施。加入净空空间产生的额外的支出并不大,对新建住宅建筑来说,在基础洪水水位建筑每增加 1 英尺(约 0.30 米)净空空间产生的额外费用占砖墙加矮设备层基础费用的 0.8%~1.5%,占填土地基的 0.8%~3%,占打桩或砖石基础的 0.25%~0.5%(Jones 等,2006)。按国家洪灾保险计划的高度标准,加入最高 4 英尺(约 1.22 米)的净空空间会为单户家庭带来保险费的减免。分析基于不同的情况,如折扣率、洪水条件、抬升方法等,结果显示,大多数情况下,净空空间带来的收益要超过它的支出,特别是在沿海 V 类区。因此,建议纽约市加入纽约州 +2 英尺(约 0.61 米)的规范,甚至对单户住宅可以提升到 4 英尺(约 1.22 米)。至于怎样保证建筑的通行问题(特别是对于残疾人）还需要进一步讨论，如可以建造坡道。另外，设计和政策也需要对净空空间进行研究。在滨水区建筑规范中加入净空空间可能对提升滨水区的抗洪性有很大作用。在新滨水区建造堤坝也能有所帮助，不过一定要解决大众通行的问题（如为残疾人士建造坡道或取消台阶）。

虽然在 1/100 洪水区加入净空空间对减少洪灾风险来说是一项好的举措，但它对洪水区外的防洪建筑并没有起到作用，而后者在未来也会被划入洪水区。因此，另一个备选方案就是在1/500 洪水区施行目前 1/100 洪水区的规范，前者与未来 1/100 洪水区范围大致相同。可以研究针对 1/100 洪水区边缘建筑的规范，使其不同于 1/100 洪水区严格的规范要求。例如，可以在完全不受限制的边缘建筑上实行一些防洪措施。但是这是十分复杂的，因为需要确定在什么地方实行什么样的规则。

如果以上讨论的更严格的规范能够对未来风险奏效，那么还要确保这些规范能够得到落实。Kunreuther 和 Michel-Kerjan（2009）提出，银行和其他贷方应该在建筑规范落实中扮演更重要的角色。如果业主需要通过房屋审查来得到贷款，那么必定会推动规范的落实。这种约束可以针对刚购入地产的业主，而既有建筑的所有者可以被要求定期接受审查。

既有建筑和关键基础设施的防洪 如何提升既有建筑的抗洪性是一个挑战。目前的洪灾建筑规范只针对需要大面积修补和翻新的建筑，经常会被业主通过多次小额的费用估算来逃避。因此，比较合理的要求是若建筑在一段时间内的累计损失超过市场价值的 50%，就属于规范适用范围以内。这项修订意味着旧建筑会更多地成为新规范要求的对象。另外，研究低价且简单的防洪措施也十分有用。例如，2002 年德国的易北河洪水向人们表明了很多洪水损失可以通过使用简单的措施来避免，如将设备放在更高的楼层，架设临时的洪水障碍物，或将低楼层用于低价值的功能等（Kreibich 等，2005；Thieken 等，2006）。可以将上面这些措施纳入强制规范中。此外，纽约市应研究怎样更好地规范抗洪性弱的基础设施。需要做一项针对关键基础设施的详细的支出收益评估。例如，可以考虑强制规定抬高纽约市所有地铁的入口。

有人提问业主应该如何支付防洪措施的花费。虽然这些措施在未来会为业主省钱，但是预算的限制会让他们不愿意出这笔钱。为了帮助业主，联邦紧急事件管理局的补助金应该帮助业主实现更廉价的防洪措施，而不是只关注那些昂贵的方案，如抬升建筑（美国国土安全局，2009）。另外，如果能够有长期补助贷款，业主也许会更倾向于投资花费较多的防洪方案（Kunreuther 和Michel-Kerjan，2009）。长期补助贷款（如 10 或 15 年）能够帮助业主分摊眼前的花费。一旦每月要支付的钱变少了，且还能带来保险费的减免，对业主来说，投资防洪就会变得更有吸引力，这对预算紧张的业主来说更加有效，他们没有办法一次性支付大额的防洪费用。此外，社区可以通过税率优惠来鼓励他们的居民进行投资。投入防洪的居民能够得到地产税的减免。减少的这部分地产税收可以由减少的灾害损失得到补偿，如联邦的灾后补助金、安置金等都会减少（Kunreuther和 Michel-Kerjan，2009）。

第六章

城市滨水区建筑和规划：国际范例

东京：超级堤坝

日本证明了在东京和大阪这类易受灾区，防洪堤的维护费用是十分高昂的。这些超级堤坝相对于传统堤坝拥有更宽的地面，且背坡角度更缓。这使得它更像是洪水保护区，而不仅仅是一条防护线。超级堤坝将缺口和海水渗入的概率降到最低。漫过超级堤坝的水在沿着较长的背坡流下时会减速；而普通堤坝的水会倾泻下来对建筑造成侵蚀。宽阔的底座使得超级堤坝在地震中不易受损。除了结构和防洪的优势以外，它的表面还可以作为城市发展的延伸，并具有很好的视野。在日本，这些堤坝与公园、空地和湿地交织在一起，这些都是纽约市所缺少的（图 6.1）。

然而超级堤坝并不是完美的。它们的宽度意味着需要占地约一个街区。由于大部分土地是被使用的，超级堤坝只能在空地和废弃工业用地上建造。同时它庞大的体积需要大量的填充材料。一些填方可以通过在堤坝引入停车和服务区来补偿。日本的经验告诉我们，洪水防治并不是某个机构能够独立完成的任务，它需要大量的、多组织的合作与投入，是与城市建设、空地规划、土地复原和栖息地建造都紧紧相连的。

在纽约和新泽西港口协会（PANYNJ）举办的布鲁克林 - 鹿特丹滨水区交流讨论会上，讨论了很多复兴滨水区、加强防洪措施的方案，如替换现有的郭瓦纳斯（Gowanus）高架。现行的重建工程只能将结构的寿命延长 20 ～ 25 年。新的方案是将高架移到离水更近的一条街上，将它建在超级堤坝上。这会同时提升该地区的区域流动性和防洪能力。

在纽约市，这意味着地方、州、联邦政府之间的合作，特别是美国陆军工程兵部队的参与。不过日本的例子表明用超级堤坝来保护城市是可行且负担得起的。在超级堤坝上建滨水区，在技术上来说是可能的，同时也不像一般人想象的那样需要完全与水隔离。

图 6.1 东京江户川的超级堤坝（上）。来源：William Verbeek
大阪超级堤坝剖面图（下）。来源：Stalenberg（2010）

汉堡旧港口：抬升住宅区

德国汉堡的港口城是一个将旧港口用作办公室、酒店、商店、公共建筑和住宅的城市规划项目，是 21 世纪欧洲最大的重建项目之一。港口城以前是港口的一部分，但是随着欧盟自由贸易带来的港口经济的衰落，以及边境安保的放松，汉堡的自由港占地面积不断减小。这给港口城市提供了机会。建设完成时，它能够容纳 12 000 人居住，并供 40 000 人办公。

图 6.2 德国汉堡港口城拥有宽 9 英尺（约 2.74 米）的过道和抬升高度为 22 英尺（约 6.71 米）的住宅（上）。
港口城位于设计水位之上的紧急服务通道（下）。来源：Jeroen Aerts

　　港口城位于堤坝线靠水的一侧，属于易北河的洪水区。原高度高于海平面 16.4 ~ 18 英尺（约
4.99 ~ 5.49 米），是洪水高危区。因此，几乎每条公共道路、桥和所有建筑都被加高至海平面以
上至少 22 英尺（约 6.71 米）（图 6.2）。建筑的基座作为陆上停车库，在严重洪灾中会被淹没。

道路被抬升至洪水线之上，以确保紧急时期的通行（汉堡，海港城，2011）（图6.2下）。这一方案使得港口城逐渐成形：它避免了将整个项目地块建得不受洪水影响所需要的巨大资金与技术，如建筑建造开始前的开垦。其总花费估计达到6亿欧元。

总面积的20%被用于公共空地。虽然有20%为私人拥有，但也受到公共规范约束。34公顷水域面积（不包括易北河）被部分重建用于公共用途。临水一条宽50英尺（约15.24米）的地带被保留。有些部分作为散步道，有些则成为广场。同时筑基上还有其他城市公共空间。在原本联系会被堤坝打破的两种高度上形成了城市风景（海港城）。

散步道和广场的设计考虑了它们被洪水淹没的概率（为一年一到两次，每次几个小时），并保证在洪水中不会受损。由于易北河的水位波动超过11英尺（约3.35米），港口城在视觉上会呈现不断变化的状态。水位、码头墙、浮桥、船和建筑的关系都会随之变动。

荷兰：利用开阔水域和环境补偿

有国际范例显示如何在保护环境的前提下利用好滨水区靠海的一面。例如，鹿特丹的新港口（Maasvlakte 2）会新增土地面积。新增加的区域会被抬高至平均海平面之上15英尺（高于平均海平面约4.57米），位于鹿特丹附近沿海的开阔水域上（图6.3和图6.4）。这片水域位于荷兰

图6.3 鹿特丹新外围港口效果图（Maasvlakte 2）。来源：鹿特丹港（2011）

图 6.4 鹿特丹新港口（Maasvlakte 2）的一系列航拍照片。由北海的沙子加筑。左上：2009 年 5 月；右上：2009 年 10 月；左下：2010 年 7 月；右下：2011 年 1 月。来源：鹿特丹港（2011）

和欧盟立法保护的自然防洪区之中。环境影响报告中预估了潜在的洋流变化和相应的沙滩侵蚀、生物多样性及渔业损失。在这些研究基础之上，决定在建设新港口的同时也实施环境保护计划。荷兰环境保护法（1998）与欧盟立法相关联：例如，欧盟自然法 2000（EU Natura 2000 law）规定了特别保护区，这些区域的所有城市建设（包括水域）都必须符合荷兰环境保护法的第 19 条（Natuurbeschermingswet，1998），即"自然法 2000 区域中的建设必须是无可替代方案的，并且具有重要的社会经济方面的原因"。此外，在自然法 2000 区域中建造还必须保证补偿生物多样性和环境价值，使其达到开发前的水平。决策过程属于政治范畴，并没有清晰的条例规定需要采取多少补偿措施。

鹿特丹的补偿机制有两种：（1）在港口南面建造约 20 000 公顷的自然保护区，只允许有限的休闲活动，主要为保护自然；（2）在港口北面建造新的沙丘，面积约 35 公顷，北面是鹿特丹地区沙丘防洪性较弱的一个区域。

第七章

建议：抗气候变化的纽约滨水区

本章主要的研究结论是在未来土地使用管理中，洪水区规划、洪灾保险和建筑规范可作为防洪灾风险的强有力工具。着重于针对现有洪灾保险条例、规划规范和建筑规范的改进建议。研究也阐明国家洪灾保险计划、纽约市楼宇局和纽约市城市规划局应更好地合作，使规范在最大程度上得到落实。通过国际上的例子说明如何将这些应用于纽约市。

国家洪灾保险计划和气候变化

国家洪灾保险计划是一项为降低风险的重要计划，因为它为地方政府的洪灾规划和建筑规范确定了最低要求，还鼓励业主在标准之上对防洪措施进行投资。国家洪灾保险计划设立了 1/100 洪水区的建筑最低标准，地方政府可以在这之上提出更严格的要求。气候变化和其他未来建设，如城市化，在国家洪灾保险计划中并未被提及。对国家洪灾保险计划的建议是通过详细评估来讨论国家洪灾保险计划如何能够应对增长的洪水风险。即使气候变化最后没有导致洪灾风险的上升，也应该考虑如何完善目前的计划。

国家洪灾保险计划和纽约市规划政策之间的合作

一个很重要的建议是加强国家洪灾保险计划、纽约市楼宇局与纽约市城市规划局之间的合作，这关系到未来洪灾地图的绘制和洪灾保险、洪灾规划、建筑规范等。

从气候变化角度来说，1/100 洪水区会不断进行地理扩张，现有的洪灾规范也应该在未来洪水区施行。直到未来洪水区的范围会使这些得以实施。每项新建设或复兴项目都可以参考未来洪灾地图，现在的基础洪水水位规定也可以用到未来的区域。

只有 1/100 洪水区的部分建筑要求增加净空空间，即建设超过联邦紧急事件管理局的基础洪水水位高度。在未来 1/100 洪水区推行净空空间会有助于未来的灾害控制。另一种替代的办法是将 1/500 洪水区作为未来 1/100 洪水区来参考。

其他国家洪灾保险计划可以考虑的建议有以下几点。

①提升洪灾保险评估地图的精确度。

洪灾保险评估地图经常不够精确，导致保险费不能精确反映实际洪灾风险。这是一项对全国的建议。地图上详细信息的缺失对于想要制定更严格的建筑规范的地方政府来说会造成麻烦。

②重新评估 A 类区的基础洪水水位与保险费之间的关系。

国家洪灾保险计划应该重新评估 A 类区的洪灾保险折扣率，因为在 A 类区，只要超过基础洪水水位标准 1 ～ 2 英尺（约 0.30 ～ 0.61 米）就可以拿到折扣，但这个高度对不断增长的未来风险来说是远远不够的。目前的规范是对重新规划地区的业主按之前的保险费率收费，即"祖父化"。这种机制应被取消，因为它会造成日后巨大的补贴负担。

③联邦紧急事件管理局补助计划并不是合适的应对气候变化的工具。

补助金的存在是很多社区加入国家洪灾保险计划的理由。但是目前的补助金不太可能为纽约市滨水区的气候应对政策提供充分的资金。而且，补助金主要用于洪水区的既有建筑。

④增强国家洪灾保险计划的市场渗透率。

国家洪灾保险计划的市场渗透率十分低，这会妨碍通过保险折扣来达到刺激业主采用降低洪灾风险措施的目的。这不仅是纽约市的问题，更是一个全国性的难题。可以通过要求拥有联邦贷款的业主（住在 1/100 洪水区或 1/500 洪水区）强制购买来解决这一问题。

⑤根据风险来设定保险费。

保险费应能够反映灾害风险。换句话说，如果不能，那么业主对防洪措施投入的积极性就会降低，这在未来风险不断增长的情况下，无疑会造成很大损失。

⑥长期保险。

现在的洪灾保险都是 1 年短期，限制了保险公司和参保人之间为降低受损风险的合作。已经有很多专家建议引入长期洪灾保险合同（5 年、10 年或 20 年），并直接与地产而不是个人挂钩。

⑦给予重要基础设施更多关注。

在国家洪灾保险计划中并没有讨论基础设施损害，但是洪灾损害很大程度上都取决于基础设施。国家洪灾保险计划只通过社区评估机制鼓励对洪泛平原上基础设施建设的限制，并没有制定任何强制性规定。

调整规划控制

以下建议均为关于规划的条例。

①取消地区限高。

净空空间意味着建筑的基础地面高度会超过联邦紧急事件管理局的基础洪水水位标准，以换取保险费的减免。对这类建筑，规划要求应该适当放宽，而不是与没有抬升的建筑施行一样的标准。

②对洪水区的既有建筑加以规范。

对于既有建筑，收进、重置或抬升都不太实际。可以增加基础洪水水位要求来鼓励住宅业主安装防洪电话、配电盘、暖气和煤气（Ⅱ类建筑）。另外，1961 年的规划政策经验表明限制既有建筑的扩建可以有效控制洪灾风险。

③保留空地。

滨水区的空地面积百分比应该有所增加，以此限制建筑占地面积并降低潜在的洪灾风险。

④降低密度。

容积率的调整对减少洪灾风险来说并不是一种可行的方法，尽管更低的城市密度也许能够降低受风险人口数。城市发展也被看作是为气候应对措施筹集资金的方法。

⑤可交易的面积。

将新建面积转移至相邻内陆地块并不是一种进一步刺激市场的有效办法。

滨水区建设和环境立法

气候变化和海平面上升的问题给滨水区规划带来了额外负担，困难的是在创造一个更加绿色的滨水区的同时增其对灾害的抵抗能力和对住宅、商业的吸引力。城市建设和洪水防治（堤坝、洪水墙等）通常被认为是破坏环境的，因此如何让这些工程在保护滨水区不受灾害影响的同时对环境进行优化是一个不小的挑战。研究建议将滨水区发展按照与环境建设结合的难易程度进行优先级的排序，这样地方政府和联邦政府就有了共同目标。同样的方法也能够被用作地方的滨水区复兴项目。基于环境保护的防洪措施会得到社区的支持，这一点已经在《2020 年愿景》的区际讨论会上证实了。这意味着，在有些情况下，水陆界线会向内陆方向移动，而有些时候又需要向海洋侧移动以补偿损失的城市空间。最近的研究支持开阔水域和湿地空间改造应被审核，以确定这样的做法是否可以提升滨水区的防灾能力。很多诸如此类的开发许可都需要定夺。近日，纽约州环境条例禁止了滨水区的发展以任何形式向水面延伸。这也许会降低滨水区的吸引力，也无益于提升环境质量。

建筑规范

国家洪灾保险计划制定了最低的建筑标准，而纽约市也有自己的规范，后者比前者要更加严格。规范适用于新建建筑和大范围重修的既有建筑。"大范围"意味着重修部分超过该建筑市场价值的 50%。纽约市附加洪水建筑规范主要包括三个方面：（1）高于基础洪水水位水平线（净空空间）；（2）干湿式防洪；（3）对每个洪水区各类（I~IV 类）建筑的要求。

在洪灾地图的基础上，现行的规则应变得更严格。

① V 类区的基础标准也应被应用到 A 类区。

② V 类区的高度标准也应被应用到 A 类区。

③净空空间要求应被加入到现有的规则中，至少应该达到纽约州和美国土木工程师学会 24 条例（ASCE 24）的水平。例如，II 类建筑不要求净空空间，但美国土木工程师学会标准和纽约州建筑规范对单户和双户住宅都有这一要求。因为 II 类建筑主要是住宅，这一改变会极大地提升很多房屋的抗洪能力。市议会应该采用纽约州对 II 类建筑的规范，其比美国土木工程师学会更加严苛。

④在单户家庭住宅上要求净空空间被证明是收益大于支出的，特别是对于 V 类区。因此，我们建议纽约市采用纽约州的规定，要求基础洪水水位水平线上 2 ~ 4 英尺（约 0.61 ~ 1.22 米）的抬升。至于如何方便残疾人士进入被抬高的建筑还需进一步研究，如可以加入坡道或抬高路面等。另外，也要看设计界和公众如何反应。加入净空空间这点会对滨水区的防灾能力有很大帮助。

洪水防治和建筑

很多例子表明了洪水防治如何和滨水建设相结合。纽约可以借鉴日本东京的部分经验，特别是对老厂区和港口设施的处理方法。例如，东京市尝试建造了不易损坏且维护费用低的超级堤坝来保护城市市区。这些超级堤坝比普通堤坝要宽很多，背坡的坡度也更缓。在日本，它们与公园、空地和湿地交织在一起，后者正是城市所缺少的。在德国汉堡，旧港口区被抬高约 20 英尺（约 6.10 米），重建为全新的滨水区。在此之上建造住宅，同时被抬升的紧急道路系统能够保证在洪水时期区域的通行。

综合洪水治理和气候应对计划

纽约市的洪水防治管理是一项复杂的工作，其中还充满对未来气候变化的不确定性。现有国家洪灾保险计划的社区评估机制并不能有效促进这项计划。需要保险公司和政府规划者之间的合作来制订更加完整的洪水防治计划，包括未来风险的应对、备选方案和个同方案的收益与支出（Aerts 等，2008）。纽约市长期规划和可持续发展市长办公室与多方利益相关者都有关系，正是研究制订这个计划的不二选择。

利益冲突

作者声明不涉及利益冲突。

《 附　录 》

A　专家采访

表 A1 列出了作者为本书资料搜集所采访的专家名单。大多数情况下，我们都会制作详细的采访笔记和总结，以供采访对象对内容的准确性进行审核。

表 A1

姓名	所属单位	相关领域
法布里斯·费尔登 （Fabrice Felden）	瑞士 Re 保险	洪灾保险、灾害模型
梅甘·林金 （Megan Linkin）	瑞士 Re 保险	洪灾保险、气候变化
汤姆·沃戈 （Tom Wargo）	纽约市城市规划局	规划专家
克劳迪娅·赫拉斯梅 （Claudia Herasme）	纽约市城市规划局	规划专家
斯科特·迪尤尔 （Scot Duel）	联邦紧急事件管理局	国家洪灾保险计划
帕特里夏·格里格斯 （Patricia Griggs）	联邦紧急事件管理局	国家洪灾保险计划
玛丽·科尔文 （Mary Colvin）	联邦紧急事件管理局	国家洪灾保险计划
乔舒亚·弗里德曼 （Joshua Friedman）	纽约紧急事故处理办公室	风险管理和地理信息系统（GIS）
詹姆斯·麦康奈尔 （James McConnell）	纽约紧急事故处理办公室	风险管理
丹尼斯·苏斯科华斯基 （Dennis Suszkowski）	哈得孙河基金会	哈得孙河基金会
克莱·海尔斯 （Clay Hiles）	哈得孙河基金会	哈得孙河基金会
詹姆斯·科尔盖特 （James Colgate）	纽约市楼宇局	规范要求
桑迪·霍尼克 （Sandy Hornick）	纽约市城市规划局	洪水区规划
比尔·伍兹 （Bill Woods）	纽约市城市规划局	主管，滨水区划分
迈克尔·马瑞拉 （Michael Marrella）	纽约市城市规划局	项目主管，滨水区计划
霍华德·斯拉特金 （Howard Slatkin）	纽约市城市规划局	策略规划代理主管
阿伦·科克 （Aaron Koch）	纽约市长办公室	长期可持续规划

B 规划术语

定义取自纽约市城市规划局（2010c）。

基础洪水水位

Base flood elevation（BFE）

1/100 洪水（概率为百年一遇的特大洪水）为参考预估出的水位。

体量规定

Bulk regulations

一系列控制参数（地块大小、容积率、建筑覆盖率、空地、庭院、高度、退线）的综合，用以决定地块上建筑的最大体量和放置位置。

密度

Density

一个规划区内的发展强度。在住宅区，密度由一个地块的最大居住单元数来决定。最大居住单元数的计算方法是将最大住宅面积除以该地块的操作参数（结果大于或等于 3/4 的才会被算为一个居住单元）。操作参数是平均单元面积加上公共区域的估算值。同时具有住宅和商业的多功能区要求特殊的密度规范（表 B1）。

居住单元

Dwelling Unit

包含厨房和卫生间在内的一个或多个房间的集合，有一人或多人居住在其中，位于住宅建筑或某建筑的住宅部分中。

扩建

Enlargement

既有建筑加建的部分，增加了该建筑的建筑面积。

表 B1　住宅密度

住宅密度	
地区	居住单元数
R1-1	4750
R1-2	2850
R2　R2A	1900
R2X	2900
R3-1　R3-2[a]	625
R3A	710
R3-2　R4　R4-1　R4B	870
R3X	1000
R4A	1280
R5　R5D	760
R4（填充）　R5（填充）　R5B	900
R5A	1560
R5B[b]	1350
R6　R7　R8B	680
R8　R8A　R8X　R9　R9A	740
R9-1　R9X　R10	790

a 分离或半分离的单户和双户住宅；
b 单户和双户住宅；
来源：纽约市城市规划局（2010c）。

容积率

Floor area ratio（FAR）

　　体量规定控制了建筑的大小。容积率可以被用于限制特定区域的建造量。容积率指总建筑面积与地块面积的比率。每个地块都可由容积率乘以地面面积来得出其允许的最大建筑面积。例如，一个 10 000 平方英尺（约 929.03 平方米）的地块，最大容积率为 1，那么建筑面积就不能超过 10 000 平方英尺（约 929.03 平方米）（图 B1）。

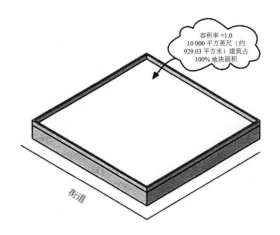

图 B1 容积率
来源：纽约市城市规划局（2010c）

地块或规划地块

Lot or zoning lot

一个区域内由一块或相邻的多块合法土地组成的集合。例如，一座在某规划地块上的公寓也许会包含多个独立的地产（分别位于各自的合法土地上）。类似的还有，包括一排连排屋的建筑占有多块合法土地，或某地块上独立的两座房屋。

混合用途建筑

Mixed Building

商业地区部分用于住宅、部分用于公共设施或商业用途的建筑。拥有超过一种用途的建筑被称为混合用途建筑，它的容积率取决于各用途容积率的最大值，同时各部分的容积率不能超过该用途允许的最大容积率。例如，在 C1-8A 地区，住宅用途最大容积率是 7.52，商业用途最大容积率是 2.0，那么该混合用途地块的允许容积率为 7.52。

混合用途地区

Mixed Use District

一种包括住宅和非住宅（商业、公共设施、轻工业）的规划地块。这些区域在地图上用 M 加数字后缀表示。在 R9 区中，M1 与 R3 匹配。

空地

Open space

住宅地块上（也许会包括庭院）开放的部分，无障碍物（特殊的除外），允许该区块的所有住户通行。根据地区的不同，要求的空地数量由空地率、最小庭院规范或最大建筑覆盖率决定。

空地率

Open space ratio（OSR）

空地率是住宅地块上要求的空地面积（单位为平方英尺）与建筑总占地面积的百分比。例如，如果一座占地面积为 20 000 平方英尺（约 1858.06 平方米）的建筑的空地率 20%，则该地块需要 4000 平方英尺（约 371.61 平方米）大小的空地（0.2×20 000）。

统一用地审查程序

Uniform land use review procedure（ULURP）

公众审核过程，由城市宪章授权，所有规划图修正案、特殊许可和其他行为（如城市公共建筑选址和收购）都需经过这一过程。该过程为今后设置了时间框架并要求社区委员会、行政区委员会和城市规划委员会（CPC）参与决策过程。规划修改草案也遵从相似的过程，但对城市规划委员会的审核不做时间上的限制。统一用地审查程序的详细过程和时间规定请参见用地审查过程。

用途

Use

1 组到 18 组列出的任何活动、占用、商业经营的发生在建筑内或地块上的行为。部分用途需要城市规划委员会或纽约市标准上诉局的特别许可。

用途分组

Use Group

用途按照其功能特点、负面影响和是否可合并被划分为 18 个组，包括：住宅（1 ～ 2 组）、公共建筑（3 ～ 4 组）、零售与服务（5 ～ 9 组）、地区商业娱乐中心（10 ～ 12 组）、滨水和休闲（13 ～ 15 组）、机动车使用（16 组）和生产制造（17 ～ 18 组）。

滨水区通行计划

The waterfront access plan（WAP）

自纽约市规划方案之后，滨水区规范加入了体量规定和公共通行要求。建设项目发起人被要求建造和保留主要的公共通行区域，与滨水区通行计划一致。

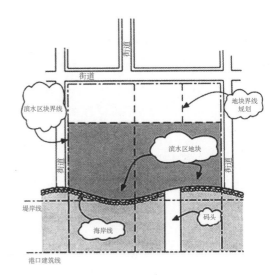

图 B2 滨水区图解
来源：纽约市城市规划局（2010c）

滨水区

Waterfront area

地理上从码头至海岸线向内陆 800 英尺（约 243.84 米）的所有区块的集合。若划定界线穿过某区块，则该地块全部算在滨水区内。

堤岸线

The bulkhead line

规划图上用于分割滨水区靠陆侧和靠海侧的界线。

港口建筑线

The pierhead line

规划图上滨水区靠海侧的边界线，界定了规范的适用区域。

海岸线

The shoreline

平均海水高度边界线。

滨水区块

A waterfront block

与海岸线相邻或相交的规划地块中的公园或空地（图 B2）。

来源：纽约市城市规划局（2010c）

C　数据库

数据库	年份	说明	来源	网站
MapPLUTO 数据库	2009	合法地块信息	纽约市城市规划局	http://www.nyc.gov/html/dcp/html/bytes/applbyte/shtml
建筑占地面积	2009	建筑位置和参数	纽约市信息技术与通信部门	www.nyc.gov/datamine
交通数据库	2009	车站、通风口、隧道入口位置	纽约市信息技术与通信部门	www.nyc/gov/datamine
地产地址目录（PAD）	2009	地址、地块和 BIN 识别号	纽约市城市规划局	http://www.nyc.gov/html/dcp/html/bytes/applbyte.shtml
洪灾保险评估地图	2010	联邦紧急事件管理局洪水区 / 特殊洪水区	联邦紧急事件管理局	http://www.fema.gov/hazard/map/firm.shtm
电子 Q3 洪水区数据	2009	源于联邦紧急事件管理局发表的洪灾保险评估地图，Q3 洪水数据	联邦紧急事件管理局	http://www.nysgis/state/ny/us/gisdata
多彩手册	2008	洪灾损失曲线	英国洪灾研究中心	http://www.mdx.ac.uk/research/areas/geography/floodhazard/publications/indes/aspx#MultiColoured%20Manual
大都会运输署 / 铁路数据	2009	大都会运输署监测的图形文件		http://spatialityblog.com/2010/07/08/mta-gis-data-update

D　各洪水区重要设施

表 D1　1/100 洪水区的重要建筑

#	建筑分类	说明
1	G4	带车间的加油站
2	W1	公立小学、初中和高中
1	W2	教会学校、犹太人学校
1	W3	学校或学院
1	W4	培训学校
1	W9	多样化教育
1	Y1	消防署
2	Y3	监狱、看守所、拘留所
8	Y4	陆军、海军
18		

表 D2 1/100 洪水区 A 类区重要建筑

#	建筑分类	说明
1	G3	车库和加油站
22	G4	带车间的加油站
15	G5	不带车间的加油站
13	I1	医院、疗养院、精神病院
3	I4	（健康）员工设施
10	I5	医疗中心、儿童中心、诊所
13	I6	敬老院
10	I7	成人看护设施
63	W1	公立小学、初中和高中
14	W2	教会学校、犹太人学校
7	W3	学校或学院
2	W4	培训学校
4	W5	城市大学
4	W6	其他学院和大学
2	W7	神学院
13	W8	其他私立学校
16	W9	多样化教育
11	Y1	消防署
11	Y2	警察局
5	Y3	监狱、看守所、拘留所
13	Y4	陆军、海军
252		

表 D3 1/500 洪水区的重要建筑

#	建筑分类	说明
2	G3	车库和加油站
52	G4	带车间的加油站
32	G5	不带车间的加油站
19	I1	医院、疗养院、精神病院
3	I4	（健康）员工设施
23	I5	医疗中心、儿童中心、诊所
21	I6	敬老院
25	I7	成人看护设施
107	W1	公立小学、初中和高中
29	W2	教会学校、犹太人学校
9	W3	学校或学院
4	W4	培训学校
5	W5	城市大学
5	W6	其他学院和大学
3	W7	神学院
21	W8	其他私立学校
23	W9	多样化教育
22	Y1	消防署
12	Y2	警察局
5	Y3	监狱、看守所、拘留所
14	Y4	陆军、海军
436		

E　无建筑土地的价值

PLUTO 数据库包含 859 328 个地区的估算价值，但并不是每个地区上都有建筑物。所以，当我们用每平方英尺价值来标示地块时，这些无建筑地块的数字就会为 0。为了提供一个直观印象，表 E1 列出了各区的"消失的价值"。

表 E1　各区"消失的价值"

区	地块数量	有建筑物的地块数	无建筑物的地块价值
布鲁克林区	278 418	263 697	670 371 994.00 美元
布朗克斯区	89 838	82 360	308 827 009.00 美元
曼哈顿区	43 435	40 612	2 317 541 683.00 美元
皇后区	324 324	309 863	550 773 632.00 美元
史坦顿岛	123 313	111 603	139 119 570.00 美元
总计	859 328	808 135	3 986 633 888.00 美元

F "其他土地用途"分类

Q0：空地

Q1：公园

Q2：操场

Q3：室外游泳池

Q4：海滩

Q5：海湾

Q6：体育场、跑道、棒球场

Q7：网球场

Q8：船坞 / 帆船俱乐部

Q9：各种室外休闲设施

G6：有许可的停车场

G7：无许可的停车场

T1：机场、跑道、候机楼

T2：码头、堤岸

T9：混杂用地

V0：空地、住宅区，不包括曼哈顿 110 号街以下

V1：空的未规划住宅区，或曼哈顿 110 号街以下

V2：空的未规划住宅区，与 1 类税收住宅区相邻

V3：空的规划（主要为）住宅区，不包括曼哈顿 110 号街以下

V4：空地、警察局或消防局用地

V5：空地、学校或庭院用地

V6：空地、图书馆、医院或博物馆用地

V7：空地、纽约和新泽西港口协会用地

V8：空地、州和联邦用地

V9：空地、混杂（地产局和其他公共场所）用地

Y5：地产局用地

Z2：公共停车区

Z6：水下土地

Z7：逃生通道

Z8：墓地

Z9：其他混杂用地

G 地铁系统的洪灾损失

地铁洪灾损失的经验数据

Compton 等人（2009）总结了历史上洪水对地铁影响的经验数据，见表 G1。注意：每千米损失的估算值单位为 2009 年的百万欧元。

表 G1 地铁的洪水损失报告总结（Compton 等，2009）

	1996，波士顿	1998，首尔	2001，台北	2002，布拉格
总建造费用 / 百万欧元	—	790*	15 000**	—
每千米总建造费用 /（百万欧元 / 千米）	—	18	~180	—
被淹轨道千米数	2 ~ 3	11	9 ~ 12	15 ~ 20
水量 / 立方米	53 000	800 000	—	>1 000 000
报告洪水损失 / 百万欧元	~10	40	60 ~ 140	66 ~ 240
计算的每千米损失	1.3 ~ 4	3.6	0.9 ~ 12	4.4 ~ 16

* 只有 7 号线；
** 全系统（86 千米）。

地铁的直接洪灾损失（Compton 等，2009）

地铁洪灾损失的计算方法是先假设被淹没的铁轨长度与直接损失的关系，如 Neukirchen（1993）所提出的。将关系用公式表示出来：

$$DD = \alpha L$$

其中，DD 是直接损失，L 是被淹铁轨长度，α 是两个变量的关系系数。用线性回归处理数据，得出 α 的数值为 3.2 ~ 20，中间数为 9.4。在 Compton 等人（2009）的研究中，他们也加入了洪水流速与直接损失的关系方程式。在本书中，我们没有讨论洪水流速。

地铁的间接洪灾损失（Compton 等，2009）

方法 1 Compton 等人（2009）计算出了每千米被淹铁轨的损失（单位为百万欧元）。对奥地利维也纳的地铁系统，他们粗略估计出损失为 200 万欧元 / 千米。这一数值等于 268 万美元 / 千米（2010 年的价值）。请注意他们将平均车费定为 2 欧元 / 趟，与纽约市乘车费（约等于 2.25 美元）相近。很明显其他间接影响（生产损失）对计算总损失来说也是很重要的，但是我们并没有在此书中讨论。因此，我们的估算值是低于实际损失的。

方法 2 在 EU FLOODsite 研究中，整理出了一本手册来估算洪水对其他事物造成的损失，包括对铁路设施的直接损害和铁路系统停运造成的损失（英国洪灾研究中心，2008）。不过研究主要关注的是陆上铁轨。铁路瘫痪损失的算法是先计算出洪水区旅客的数量，然后用损失数除以人数得到每位乘客因延迟（停运总损失的 40% ~ 45%）或取消（停运总损失的 55% ~ 60%）所遭受的损失。这一计算方法得到的结果是平均每人每小时损失 0.037 欧元。这意味着每人每天会损失 1.3 欧元，等于每人每天损失 2.05 美元。

地铁的总洪灾损失估算

表 G2 列出了不同计算方法下的间接损失。方法 1 使用 Compton 等人（2009）所计算的每千米被淹铁轨的损失。方法 2 使用英国洪灾研究中心（2008）所计算的每位乘客的平均乘车费用。后者假设所有乘客都受到地铁停运的影响。我们使用了大都会运输署估算的乘客数（表 G3），分别计算了 1 天和 30 天的损失。

表 G2 2009 年大都会运输署估算的地铁乘车费

年乘车费用	工作日平均费用	星期六平均费用	星期天平均费用
1 579 866 600	5 086 833	2 928 247	2 283 601

来源：大都会运输署（2009）（http://mta.info/nyct/facts/ridership/index.htm）。

表 G3 不同方法估算的间接损失 （单位：美元）

	最小值	最大值
方法 1：用损失除以被淹轨道千米数得出的间接损失		
22 ～ 30 千米 [a]	440 000 000	600 000 000
30 ～ 50 千米 [a]	300 000 000	300 000 000
总计	740 000 000	900 000 000
方法 2：用平均费用乘以乘客人数得出的间接损失		
乘车次数 [c]	2 283 601	5 086 833
每次 2.25 美元的 1 天损失 [a]	5 138 102	11 445 374
每次 2.05 美元的 1 天损失 [b]	4 681 382	10 428 008
每次 2.25 美元的 30 天损失	154 143 068	343 361 228
每次 2.05 美元的 30 天损失	140 441 462	312 840 230

a 根据 Compton 等人 (2009) 的研究；
b 根据英国洪灾研究中心（2008）的研究；
c 根据大都会运输署（2009）的估算（http://mta.info/nyc/facts/ridership/index.htm）。

H 各区受威胁人口数

表 H1 中的信息来自 Maantay 和 Maroko（2009）。注意：这些数据并不是累计的，为了计算 1/100 洪水区的受威胁人口数，需要将 VE、AE、AO 和 A 区的数据相加。同样，X500 区的人口数源于 1/100 的数据相加。

表 H1 各区受威胁人口数（BK，布鲁克林区；BX，布朗克斯区；MN，曼哈顿区；QN，皇后区；SI，史坦顿岛）

区域	区	不完全受威胁人口数
VE	BK	24
AE	BK	58 166
X500	BK	85 785
VE	BX	1502
AE	BX	13 163
X500	BX	22 139
VE	MN	99
AE	MN	80 681
X500	MN	57 290
VE	QN	1035
AE	QN	38 917
X500	QN	65 790
VE	SI	273
A	SI	5919
AE	SI	15 193
AO	SI	8
X500	SI	11 063
HUR1	BK	75 780
HUR2	BK	281 564
HUR3	BK	297 425
HUR4	BK	281 060
HUR1	BX	3083

续表

HUR2	BX	6089
HUR3	BX	39 915
HUR4	BX	93 270
HUR1	MN	25 510
HUR2	MN	135 783
HUR3	MN	148 176
HUR4	MN	143 317
HUR1	QN	11 520
HUR2	QN	128 960
HUR3	QN	148 043
HUR4	QN	80 890
HUR1	SI	3314
HUR2	SI	30 070
HUR3	SI	17 450
HUR4	SI	22 420

英文版所列参考文献

Aerts, J.C.J.H., Botzen, W.J.W, Van Der Veen, A, Krykrow, J. and Werners, S. (2008). Portfolio management for developing flood protection measures. *Ecology and Society*, 13(1) /www.ecologyandsociety.org/vol13/iss1/art41

Aerts, J.C.J.H., Major, D., Bowman, M. and Dircke, P. (2009). *Connecting Delta Cities: Coastal Cities, Flood Risk Management and Adaptation to Climate Change.* VU University Press, Amsterdam pp. 96.

Angotti, T. and Hanhardt, E. (2001). Problems and prospects for healthy mixed-use communities in New York City. *Planning Practice and Research*, 16(2): 145–154.

ASCE (2005). Flood Resistant Design and Construction. ASCE/SEI 24–05. The American Society of Civil Engineers (ASCE), Virginia.

Association of State Floodplain Managers (2000). National Program Review 2000. ASFPM, Madison.

Bain, M., Lodge, J., Suszkowski, D.J., Botkin, D., Brash, A., Craft, C., Diaz, R. Farley, K. Gelb, Y. Levinton, J.S., Matuszeski, W., Steimle, F. and Wilber, P. (2007). Target Ecosystem Characteristics for the Hudson Raritan Estuary: Technical Guidance for Developing a Comprehensive Ecosystem Restoration Plan. http://www.hudsonriver.org/download/TEC_Report_Final_May_2007.pdf

Bingham, K., Charron, M., Kirschner, G., Messick, R. and Sabade. S. (2006). Assessing the National Flood Insurance Program's Actuarial Soundness. Deloitte Consulting and American Institutes for Research, Washington DC.

Bockarjova, M. (2007) Major Disasters in Modern Economies: An Input-Output Based Approach at Modeling Imbalances and Disproportions. PhD thesis, University Twente, The Netherlands.

Botzen, W.J.W., Aerts, J.C.J.H. and Van Den Bergh, J.C.J.M. (2009). Willingness of homeowners to mitigate climate risk through insurance. *Ecological Economics*, 68(8–9): 2265–2277.

Botzen, W.J.W. and Van Den Bergh, J.C.J.M. (2008). Insurance against climate change and flooding in the Netherlands: Present, future and comparison with other countries. Risk Analysis, 28(2): 413–426.

Botzen, W.J.W. and Van Den Bergh, J.C.J.M. (2009). Managing natural disaster risk in a changing climate. *Environmental Hazards*, 8 (3): 209–225.

Bouwer, L., Bubeck, P. and Aerts, J.C.J.H. (2010). Changes in future flood risk due to climate and development in a Dutch polder area. *Global Environmental Change*, 20: 463–471.

Browne, M.J. and Hoyt, R.E. (2000). The demand for flood insurance: Empirical evidence. *Journal of Risk and Uncertainty*, 20(3): 291–306.

Büchele, B., Kreibich, H., Kron, A., Thieken, A., Ihringer, J., Oberle, P., Merz, B. and Nestmann, F. (2006). Flood-risk mapping: Contributions towards an enhanced assessment of extreme events and associated risks. *Natural Hazards and Earth System Sciences*, 6 (4): 485–503.

Burby, R.J. (2001). Flood insurance and floodplain management: The US experience. *Environmental Hazards*, 3(3–4): 111–122.

Burby, R.J. (2006). Hurricane Katrina and the paradoxes of government disaster policy: Bringing about wise governmental decisions for hazardous areas. *The Annals of the American Academy of Political and Social Science*, 604(1): 171–191.

Burby, R.J. and French, S.P. (1985). *Flood Plain Land Use Management: A National Assessment.* Westview Press, Boulder.

Compton, K.L, Faber, R., Ermolieva, T.Y., Linnerooth-Bayer, J. and Nachtnebel, H.P. (2009). Uncertainty and Disaster Risk Management Modeling the Flash Flood Risk to Vienna and Its Subway System. IIASA Research Report RR-09–002, October 2009.

Crichton, D. (2008). Role of insurance in reducing flood risk. *Geneva Papers on Risk and Insurance – Issues and Practice*, 33 (1): 117–132.

CZM Act (1990). Federal Coastal Zone Management Act 1990 Amendments. See also U.S. Congress, Office of Technology Assessment, Preparing for an Uncertain Climate, Volume I, OTA-O-576, October 1993, Washington DC.

De Moel, H., van Alphen, J. and Aerts, J.C.J.H. (2009). Flood maps in Europe – Methods, availability and use. *Natural Hazards and Earth System Sciences*, 9: 289–301.

De Moel, H. and Aerts J.C.J.H. (2010). Effect of uncertainty in land use, damage models and inundation depth on flood damage estimates. *Natural Hazards*, DOI 10.1007/s11069-010-9675-6.

DEC (2010). Floodplain Construction Requirements in NYS. New York State, Department of Environmental Conservation (DEC). http://www.dec.ny.gov/lands/40576.html

DEFRA (2010). London Regional Sustainable Development Indicators Factsheet. Department of Environment Food and Rural Affairs (DEFRA), London, 25 February 2010. http://archive.defra.gov.uk/sustainable/government/progress/regional/documents/london_factsheet.pdf

Direction de L'Urbanisme (2003). Plan de Prevention des Risques d'Inondation du Departement de Paris. 15 July 2003. http://www.paris.pref.gouv.fr/telecharge/PPRI%20Reglement.pdf

Dixon, L., Clancy, N., Seabury, S.A. and Overton, A. (2006). The National Flood Insurance Program's Market Penetration Rate: Estimates and Policy Implications. American Institutes for Research, Washington DC.

FEMA (2006). Community Rating System. Federal Emergency Management Agency (FEMA), Washington DC.

FEMA (2008). Mitigation Grant Programs: Building Stronger and Safer. Federal Emergency Management Agency (FEMA) Mitigation Directorate, Washington DC.

FEMA (2009). Hazard Mitigation Assistance Unified Guidance: Hazard Mitigation Grant Program, Pre-Disaster Mitigation Program, Flood Mitigation Assistance Program, Repetitive Flood Claims Program, Severe Repetitive Loss Program.

Federal Emergency Management Agency (FEMA) Department of Homeland Security, Washington DC.

FEMA (2010). Residential Coverage: Policy Rates. www.flood smart.gov. Federal Emergency Management (FEMA).

FHRC (2008). Multi-Coloured Manual Series. Flood Hazard Research Centre (FHRC). http://www.mdx.ac.uk/research/areas/geography/flood-hazard/publications/index.aspx

Galloway, G.E., Baeacher, G.B., Plasencia, D. Coulton, K., Louthain, J., Bagha, M. and Levy, A.R. (2006). Assessing the Adequacy of the National Flood Insurance Program's 1 Percent Flood Standard. American Institute for Research, Washington D.C.

GAO (2008). Flood Insurance. FEMA's Rate-Setting Process Warrants Attention, GAO-09–12, October 2008. U.S. Government Accountability Office, Washington DC.

Gornitz, V., Couch, S. and Hartig, E.K. (2001). Impacts of sea level rise in New York City metropolitan area. *Global and Planetary Changes*, 32: 61–88

Grossi, P. and Kunreuther, H. C. (2005). *Catastrophe Modeling: A New Approach to Managing Risk.* Springer, New York.

HafenCity (2011). http://www.hafencity.com/en/home.html

Hallegate, S. (2008). An adaptive regional input-output model and its application to the assessment of the economic cost of Katrina. *Risk Analysis*, 28(3): 779–799.

Hanly-Forde, J., Homsy, G., Lieberknecht, K., Stone, R. (2010). Transfer of Development Rights Programs Using the Market for Compensation and Preservation. Department of City and Regional Planning, Cornell Cooperative Extension, Cornell University. http://government.cce.cornell.edu/doc/pdf/Transfer%20of%20development%20rights.pdf

Hill, K. (2009). Chapter 8: Urban design and urban water ecosystems. In: L. A. Baker (ed.). *The Water Environment of Cities.* Springer, New York, pp. 1–30.

Hori, S. (2004). Applying Transfer Development Rights (TDR) DR Tokyo. Arje Press, 2004. http://www.beyondtaking sandgivings.com/tokyo.htm

Horton, R., V. Gornitz, M. Bowman, and R. Blake (2010). Chapter 3: Climate observations and projections. *Annals of the New York Academy of Sciences – New York City Panel on Climate Change 2010 Report*, 1196: 41–62. DOI: 10.1111/j.1749–6632.2009.05314.

Jacob, K.H., Edelblum, N. and Arnold, J. (2000). Risk Increase to Infrastructure due to Sea Level Rise. Sector Report: Infrastructure for Climate Change and a Global City: An Assessment of the Metropolitan East Coast (MEC) Region. 58 pp. & Data Appendices: http://metroeast_climate.ciesin.columbia.edu/reports/infrastructure.pdf.

Jacob, K., Edelblum, N. and Arnold, J. (2001). Chapter 4: Infrastructure. In C. Rosenzweig and W.D. Solecki (eds) *Climate Change and a Global City: An Assessment of the Metropolitan East Coast Region.* Columbia Earth Institute, New York. Pp. 47–65.

Jones, C.P., Coulborne, W.L., Marshall, J. and Rogers, S.M. (2006). Evaluation of the National Flood Insurance Program's Building Standards. American Institutes for Research, Washington DC. pp. 1–118.

King, R.O. (2005). Federal Flood Insurance: The Repetitive Loss Problem. CRS Report for Congress. Congrssional Research Service. The Library of Congress.

Klijn, F., Baan, P., De Bruijn, K.M., Kwadijk, J. and van Buren, R. (2007). Nederland Later en Water: Ontwikkeling Overstromingsrisico's in Nederland. WL | Delft Hydraulics Q4290.00, Delft.

Kreibich, H., Thieken, A.H., Petrow, T., Müller, M. and Merz, B. (2005). Flood loss reduction of private households due to building precautionary measures: Lessons learned from the Elbe flood in August 2002. *Natural Hazards and Earth System Sciences*, 5(1): 117–126.

Kriesel, W. and Landry, C. (2004). Participation in the National Flood Insurance Program: An empirical analysis for coastal properties. *Journal of Risk and Insurance*, 71(3): 405–420.

Kunreuther, H.C. (1996). Mitigating disaster losses through insurance. *Journal of Risk and Uncertainty*, 12(2–3): 171–187.

Kunreuther, H.C. (2008). Reducing losses from catastrophe risks through long-term insurance and mitigation. *Social Research*, 75(3): 905–932.

Kunreuther, H.C. and Michel-Kerjan, E.O. (2009). Managing Catastrophes through Insurance: Challenges and Opportunities for Reducing Future Risks. Working paper 2009–11-30. The Wharton School, University of Pennsylvania.

Kunreuther, H.C., Michel-Kerjan, E.O., Doherty, N.A., Grace, M.F., Klein, R.W. and Pauly, M.V. (2009). *At War with the Weather: Managing Large-Scale Risks in a New Era of Catastrophes.* MIT Press, Cambridge.

Kunreuther, H.C. and Roth, R.J. (1998). *Paying the Price: The Status and Role of Insurance against Natural Disasters in the United States.* Joseph Henry Press, Washington DC.

LeBlanc, A. and Linkin, M. (2010). Chapter 6: Insurance industry. *Annals of the New York Academy of Sciences – New York City Panel on Climate Change 2010 Report*, 1196: 113–126. DOI: 10.1111/j.1749–6632.2009.05320.x

Lekuthai A. and Vongvisessomjai, S. (2001). Intangible flood damage quantification. *Water Resource Management*, 15 (5): 343–362.

Maantay, J.A. and Maroko, A. (2009). Mapping urban risk: Flood hazards, race, & environmental justice in New York. *Applied Geography*, 29(1): 111–124.

Marcus, N. (1992). New York City Zoning – 1961–1991: Turning back the clock – But with an up-to-the-minute social agenda. *Fordham Urban Law Journal* 707 (1991–1992).

Masahiko, N. and Nohiriro, N. (2003). A study on the possibility and the traffic load of the TDR application in Central Tokyo. *Papers on City Planning*, 38 (1–3): 223–228.

Mathis, M.L. and Nicholson, S. (2006). An Evaluation of Compliance with the National Flood Insurance Program Part B: Are Minimum Requirements Being Met? American Institutes for Research, Washington DC. Pp. 1–105.

Merz, B., Kreibich, H., Thieken, A. and Schmidtke, R. (2004). Estimation uncertainty of direct monetary flood damage to buildings. *Natural Hazards and Earth System Sciences*, 4: 153–163.

Michel-Kerjan, E.O. and Kousky, C. (2010). Come rain or shine: Evidence on flood insurance purchase in Florida. *Journal of Risk and Insurance*, 77(2): 369–397.

MOMA (2010). The MoMA Exhibition Rising Currents: Projects for New York's Waterfront. http://www.moma.org/explore/inside_out/rising-currents/aro-and-dlandstudio

Morrissey, W.A. (2006). FEMA's Flood Hazard Map Modernization Initiative. CRS Report for Congress. Congressional Research Service, The Library of Congress, Washington DC.

MTA (2007). August 8, 2007, Storm Report. Metropolitan Transportation Authority (MTA), September 2007, New York.

MTA (2009) Greening Mass Transit & Metro Regions: The Final Report of the Blue Ribbon Commission on Sustainability and the Metropolitan Transportation Authority (MTA), New York, pp 1–93. http://www.mta.info/sustainability/pdf/SustRptFinal.pdf

National Institute of Building Sciences (2005). National Hazard Mitigation Saves: An Independent Study to Assess the Future Savings from Mitigation Activities. Washington DC.

Natuurbeschermingswet (1998). WET van 25 mei 1998, Houdende Nieuwe Regelen ter Bescherming van Natuur en Landschap. http://www.stab.nl/wetten/0208_Natuurbeschermingswet_1998.htm

Neukirchen (1993): Hochwasserrückhalteanlagen für den Wienfluss: Kosten Nutzen Untersuchung, Studie 1993. Project for the Municipal Hydraulic Department MA 45 (Cost-benefit survey of the Wien River flood control basins)

Nicholls, R. (2003). Case Study on Sea-Level Rise Impacts. Organisation for Economic Co-operation and Development (OECD), Paris.

Nicholls, R.J., S. Hanson, C. Herweijer, N. Patmore, S. Hallegatte, J. Corfee-Morlot, Jean Château and R. Muir-Wood (2008). Ranking Port Cities with High Exposure and Vulnerability to Climate Extremes Exposure Estimates. OECD Environment Working Papers No. 1, 19/11/2008, November.

Nicholls, R. (2009). Chapter 5: Adaptation costs for coasts and low-lying settlements. In: Assessing the Costs of Adaptation to Climate Change. International Institute for Environment and Development and the Grantham Institute for Climate Change, London.

Nordenson, G., Seavitt, C and Yarinsky, A. with Cassell, S., Hodges, L., Koch, M., Smith, J., Tantala, M. and Veit, R. (2010). On the Water: Palisade Bay. Metropolitan Museum of Art, New York.

NPCC (2009). Climate Risk Information. New York City Panel on Climate Change (NPCC). http://www.nyc.gov/html/om/pdf/2009/NPCC_CRI.pdf.

NYC-DCP (1992). New York City Comprehensive Waterfront Plan: Reclaiming the City's Edge, Zoning and Land Use Proposals for Public Discussion. New York City Department of City Planning (NYC-DCP), New York.

NYC-DCP (2006). City planning demographers paint picture of city's future population at 9.1 million, detailing how city will grow by 2030. Press release 13 December 2006. New York City Department of City Planning (NYC-DCP), New York.

http://home2.nyc.gov/html/dcp/html/about/pr121306.shtml

NYC-DCP (2010a). Zoning Regulations and Policies. New York City Department of City Planning (NYC-DCP), New York. http://www.nyc.gov/html/dcp/html/zone/glossary.shtml

NYC-DCP (2010b). Zoning Resolution of the City Of New York, effective December 15th, 1961, and as subsequently amended New York City Department of City Planning (NYC-DCP), New York. http://www.nyc.gov/html/dcp/html/zone/zonetext.shtml/

NYC-DCP (2010c). NYC Zoning Glossary. New York City Department of City Planning (NYC-DCP), New York. http://www.nyc.gov/html/dcp/html/zone/glossary.shtml

NYC-DCP (2011). Vision 2020: New York City Comprehensive Waterfront Plan. New York City Department of City Planning (NYC-DCP), New York. http://www.nyc.gov/html/dcp/html/cwp/index.shtml

NYC-DOB (2008). Appendix G: Flood-Resistant Construction: New York City Building Code, New York City Department of Buildings, New York, pp. 707–721.

NYS (2010). CLIMAID, Integrated Assessment for Effective Climate Change Adaptation Strategies in New York State. New York State (NYS). http://www.nyserda.org/programs/environment/emep/climate_change_newyork_impacts.asp

Pahl-Wostl, C., Sendzimir, J., Jeffrey, P., Berkamp, G., Aerts, J. (2007). Adaptive water management: A new hype or a promising solution to a burning problem? *Ecology and Society*, 12 (2), http://www.ecologyandsociety.org/vol12/iss2/art30/

Pasterick, E.T. (1998). The National Flood Insurance Program. In H.C. Kunreuther and R J. Roth (eds). *Paying the Price: The Status and Role of Insurance against Natural Disasters inthe United States*. Joseph Henry/National Academy Press, Washington DC.

Penning-Rowsell, E.C., Johnson, C., Tunstall, S., Tapsell, S., Morris, J., Chatterton, J., Coker, A. and Green, C. (2003). The Benefits of Flood and Coastal Defence: Techniques and Data for 2003. Flood Hazard Research Centre, Middlesex University.

Pielke, Jr., R.A., Gratz, J., Landsea, C.W., Collins, D., Saunders, M.A., and Musulin, R. (2008). Normalized Hurricane Damages in the United States: 1900–2005. *Natural Hazards Review*, 9 (1): 29–42.

Port of Rotterdam (2011). www.maasvlakte2.com

Poussin, J., Botzen, W.J.W. and Aerts, J.C.J.H. (2010). Stimulating flood damage mitigation through insurance: An assessment of the French CatNat system. Working Manuscript. Institute for Environmental Studies, VU University Amsterdam.

Rosenzweig, C. and Solecki, W. (2010). Chapter 1: New York City adaptation in context. *Annals of the New York Academy of Sciences*, 1196: 19–28. DOI:10.1111/j.1749-6632.2009.05308.x

Rosenzweig, C., Solecki, W. Hammer, S.A. and Mehrotra, S. (2010). Cities lead the way in climate-change action. *Nature*, 467: 909–911, doi:10.1038/467909a.

Salkin, P. (2005). Integrating local waterfront revitalization planning into local comprehensive planning and zoning. *Pace Environmental Law Review*. 22 (2): 207–230.

Sarmiento, C. and Miller, T.R. (2006). Costs and Consequences of Flooding and the Impact of the National Flood Insurance Program. Pacific Institute of Research and Evaluation.

Smith, K. and Ward, R. (1998). *Floods – Physical Processes and Human Impacts*. Wiley, Chichester, UK

Stalenberg, B. (2010). Design of Floodproof Urban Riverfronts. PhD thesis, Delft University of Technology, the Netherlands.

Supreme Court of the United States (1992). http://en.wiki source.org/wiki/Lucas_v._South_Carolina_Coastal_Council

Sussman, E. and Major, D. (2010). Chapter 5: Law and Regulation. *Annals of the New York Academy of Sciences – New York City Panel on Climate Change 2010 Report*, 1196: 87–112.

Swiss Re (2010). Natural Catastrophes and Man-Made Disasters in 2009: Catastrophes Claim Fewer Victims, Insured Losses Fall. Sigma Report No 1/2010. Swiss Reinsurance Company, Zurich.

Thieken, A.H., Petrow, T., Kreibich, H. and Merz, B. (2006). Insurability and mitigation of flood losses in private households in Germany. *Risk Analysis*, 26(2): 383–395.

Tobin, R.J. and Calfee, C. (2006). The National Flood Insurance Program's Mandatory Purchase Requirement: Policies, Processes and Stakeholders. American Institutes for Research, Washington DC.

USACE (1995). U.S. Army Corps of Engineers/FEMA/National Weather Service, Metro New York Hurricane. Transportation Study, 1995, Interim Technical Data Report.

USACE (2009). Hudson Raritan Estuary Comprehensive Restoration Plan, Volume 1. http://www.nan.usace.army.mil/harbor/crp/pdf/vol1.pdf

US Congress (1966a). A Unified Program for Managing Flood Losses. House Document 465, 89th Congress, 2nd session, US Government Printing Office, Washington DC

US Congress (1966b). Insurance and Other Programs for Financial Assistance to Flood Victims. Senate Committee on Banking and Currency, Committee Print. US Government Printing Office, Washington DC.

US Congress (1973). Flood Disaster Protection Act of 1973. 93th Congress, 1th session. US Government Printing Office, Washington DC.

US Congress (1994). National Flood Insurance Reform Act of 1994. 103th Congress, 2nd session. US Government Printing Office, Washington DC.

US Department of Homeland Security (2009). FEMA's Implementation of the Flood Insurance Reform Act of 2004. Office of Inspector General U.S. Department of Homeland Security Report OIG-09-45, Washington DC.

Ville de Paris (2010). Carte Inondaton Paris. EDF GDF, EDF-GDF. http://www.petiteceinture.org/Utilite-de-la-Petite-Ceinture-en.html

Ward, P.J., Strzepek, K.M., Pauw, W.P., Brander, L.M., Hughes, G.A., Aerts, J.C.J.H. (2010). Partial costs of global climate change adaptation for the supply of raw industrial and municipal water: A methodology and application. *Environmental Research Letters*, 5, 044011, doi:10.1088/1748-9326/5/4/044011.

Wetmore, F. Bernstein, G., Conrad, D., DiVicenti, C., Larson, L., Plasencia, D. and Riggs, R. (2006). The Evaluation of the National Flood Insurance Program: Final report. American Institutes for Research, Washington DC.

Zimmerman, R. and M. Cusker. (2001). Institutional Decision-Making Chapter 9 and 10 Global Climate Change and Transportation Infrastructure: Lessons from the New York Area The Potential Impacts of Climate Change on Transportation Appendix 10 in Climate Change and a Global City: The Potential Consequences of Climate Variability and Change. Metro East Coast, edited by C. Rosenzweig and W. D. Solecki. New York, NY: Columbia Earth Institute. Pp. 9–1 to 9–25 and A11-A17. July.

Zimmerman, R. and Faris, C. (2010). Chapter 4: Infrastructure impacts and adaptation challenges. *Annals of the New York Academy of Sciences – New York City Panel on Climate Change 2010 Report*, 1196: 63–85.

译后记

由于内容专业，整个翻译过程磕磕绊绊，持续了三个月左右。我要感谢编辑们对我的鼓励和包容，以及家人和朋友——罗岳章、陈幼云、王思羽和罗妍在资料查找上对我的帮助。其中对作者意图理解得有偏差及翻译得不准确的地方也请读者们多多包涵。

总的来说，这本书的翻译过程也是我个人的学习过程，让我知道了城市规划中不同方面的考虑和设计逻辑。作为建筑学中尺度最大的类别，它的影响范围也可以说是最广的。一个杯子的设计影响的是手握杯子的那个人；一座住宅的设计影响的是住在其中的那个家庭；而一个城市的设计则会影响其中千千万万的市民，甚至他们的子孙后代。前段时间，武汉发生了特大雨洪灾害。看到新闻的瞬间，我就想起了这本关于纽约雨洪研究的书，并开始担心灾后的洪灾保险制度是怎样运作的之类书里提及的很多问题。那一刻，我才真正意识到书里的那些问题都是现实生活中实实在在会发生的，而不是什么装模作样、没有任何实际意义的公式与模型。这是我第一次直面城市设计并了解它的重要性。

所以我非常希望这本书能够让像我这样对大尺度设计不是十分"感冒"的建筑师对城市的了解能够更进一步，毕竟我们做的很多建筑设计最后都需要融入城市这个大空间中。当然，如果它还能对决策者们的决策过程起到一些切实的帮助，就更好了。

朱颖

2016 年夏于杭州